"十二五""十三五"国家重点图书出版规划项目

新 能 源 发 电 并 网 技 术 丛 书

荣飞 黄守道 高剑 何静 著

直驱永磁风力发电
系统并网技术

中国水利水电出版社

www.waterpub.com.cn

·北京·

内 容 提 要

　　本书为《新能源发电并网技术丛书》之一，是作者所在研究团队近 10 年从事直驱永磁风力发电系统并网技术的科研成果。本书主要内容包括直驱永磁风力发电系统主电路参数设计、控制系统电路设计和控制系统软件设计，直驱永磁风力发电系统最大功率追踪技术、电网平衡和电网故障下直驱永磁风力发电系统双 PWM 变流器并网技术、大功率直驱永磁风力发电系统并联双 PWM 变流器及其环流控制技术、基于 Z 源变流器风力发电并网技术、基于直驱永磁风力发电系统的风电场并网技术。

　　本书可作为从事风力发电变流系统、Z 源变流器，特别是基于直驱永磁风力发电系统并网系统的研发人员、生产人员和管理人员、技术人员的参考用书，同时也可作为高等院校相关专业的教材。

图书在版编目（ＣＩＰ）数据

直驱永磁风力发电系统并网技术 / 荣飞等著. -- 北京：中国水利水电出版社，2018.12
　（新能源发电并网技术丛书）
　ISBN 978-7-5170-7272-0

Ⅰ．①直… Ⅱ．①荣… Ⅲ．①永磁发电机－风力发电系统－研究 Ⅳ．①TM313

中国版本图书馆CIP数据核字(2018)第296259号

书　　　名	新能源发电并网技术丛书 **直驱永磁风力发电系统并网技术** ZHIQU YONGCI FENGLI FADIAN XITONG BINGWANG JISHU
作　　　者	荣飞　黄守道　高剑　何静　著
出版发行	中国水利水电出版社 （北京市海淀区玉渊潭南路 1 号 D 座　100038） 网址：www. waterpub. com. cn E - mail：sales@waterpub. com. cn 电话：(010) 68367658（营销中心）
经　　　售	北京科水图书销售中心（零售） 电话：(010) 88383994、63202643、68545874 全国各地新华书店和相关出版物销售网点
排　　　版	中国水利水电出版社微机排版中心
印　　　刷	北京瑞斯通印务发展有限公司
规　　　格	184mm×260mm　16 开本　12.75 印张　279 千字
版　　　次	2018 年 12 月第 1 版　2018 年 12 月第 1 次印刷
定　　　价	**49.00 元**

丛书编委会

主　任　丁　杰

副主任　朱凌志　吴福保

委　员（按姓氏拼音排序）

陈　宁　崔　方　赫卫国　秦筱迪

陶以彬　许晓慧　杨　波　叶季蕾

张军军　周　海　周邺飞

序
XU

随着全球应对气候变化呼声的日益高涨以及能源短缺、能源供应安全形势的日趋严峻，风能、太阳能、生物质能、海洋能等新能源以其清洁、安全、可再生的特点，在各国能源战略中的地位不断提高。其中风能、太阳能相对而言成本较低、技术较成熟、可靠性较高，近年来发展迅猛，并开始在能源供应中发挥重要作用。我国于2006年颁布了《中华人民共和国可再生能源法》，政府部门通过特许权招标，制定风电、光伏分区上网电价，出台光伏电价补贴机制等一系列措施，逐步建立了支持新能源开发利用的补贴和政策体系。至此，我国风电进入快速发展阶段，连续5年实现增长率超100%，并于2012年6月装机容量超过美国，成为世界第一风电大国。截至2014年年底，全国光伏发电装机容量达到2805万kW，成为仅次于德国的世界光伏装机第二大国。

根据国家规划，我国风电装机容量2020年将达到2亿kW。华北、东北、西北等"三北"地区以及江苏、山东沿海地区的风电主要以大规模集中开发为主，装机规模约占全国风电开发规模的70%，将建成9个千万千瓦级风电基地；中部地区则以分散式开发为主。光伏发电装机容量预计2020年将达到1亿kW。与风电开发不同，我国光伏发电呈现"大规模开发，集中远距离输送"与"分散式开发，就地利用"并举的模式，太阳能资源丰富的西北、华北等地区适宜建设大型地面光伏电站，中东部发达地区则以分布式建筑光伏为主，我国新能源在未来一段时间仍将保持快速发展的态势。

然而，在快速发展的同时，我国新能源也遇到了一系列亟待解决的问题，其中新能源的并网问题已经成为了社会各界关注的焦点，如新能源并网接入问题、包含大规模新能源的系统安全稳定问题、新能源的消纳问题以及新能源分布式并网带来的配电网技术和管理问题等。

新能源并网技术已经得到了国家、地方、行业、企业以及全社会的广泛关注。自"十一五"以来，国家科技部在新能源并网技术方面设立了多个"973""863"以及科技支撑计划等重大科技项目，行业中诸多企业也在新能源并网技术方面开展了大量研究和实践，在新能源并网技术方面取得了丰硕的成果，有力地促进了新能源发电产业的发展。

中国电力科学研究院作为国家电网公司直属科研单位，在新能源并网等方面主持和参与了多项国家"973""863"以及科技支撑计划和国家电网公司科技项目，开展了大量与生产实践相关的针对性研究，主要涉及新能源并网的建模、仿真、分析、规划等基础理论和方法，新能源并网的实验、检测、评估、验证及装备研制等方面的技术研究和相关标准制定，风电、光伏发电功率预测及资源评估等气象技术研发应用，新能源并网的智能控制和调度运行技术研发应用，分布式电源、微电网以及储能的系统集成及运行控制技术研发应用等。这些研发所形成的科研成果与现场应用，在我国新能源发电产业高速发展中起到了重要的作用。

本次编著的《新能源发电并网技术丛书》内容包括电力系统储能应用技术、风力发电和光伏发电预测技术、新能源发电建模与仿真技术、光伏发电并网试验检测技术、微电网运行与控制、数值天气预报产品在新能源功率预测中的应用、光伏发电认证及实证技术、新能源发电建模与仿真技术、新能源调度技术与并网管理、分布式电源并网运行控制技术、电力电子技术在智能配电网中的应用、新能源功率预测等多个方面。该丛书是中国电力科学研究院在新能源发电并网领域的探索、实践以及在大量现场应用基础上的总结，是我国首套从多个角度系统化阐述大规模及分布式新能源并网技术研究与实践的著作。希望该丛书的出版，能够吸引更多国内外专家、学者以及有志从事新能源行业的专业人士，进一步深化开展新能源并网技术的研究及应用，为促进我国新能源发电产业的技术进步发挥更大的作用！

中国科学院院士、中国电力科学研究院名誉院长

前言

QIANYAN

　　风力发电是我国战略性新兴产业，大力发展风电是应对气候变化、实现清洁能源替代、促进节能减排、保障能源安全的必由之路，是我国抢占新一轮全球能源变革和经济科技竞争制高点的重要举措。近年来，我国风电发展迅速，风电年均装机速度已远超世界平均水平。

　　风力发电机组主要包含双馈风力发电机组和直驱永磁风力发电机组。直驱永磁风力发电系统采用低速多极永磁风力发电机，全功率背靠背双 PWM 变流器，永磁体励磁，无需齿轮箱，具有高效率、高功率密度、高可靠性等优点，已成为当前风电技术领域的重要发展方向与研究热点。

　　为促进基于直驱永磁风力发电系统并网技术的发展，本书将湖南大学风力发电研究团队近十年从事直驱永磁风力发电系统并网技术的科研成果进行整理和总结。期望本书的出版能对我国基于直驱永磁风力发电系统并网技术的进一步发展做出贡献。

　　本书共分 7 章，主要对直驱永磁风力发电系统的组成与设计、直驱永磁风力发电系统最大功率追踪技术、直驱永磁风力发电系统双 PWM 变流器并网技术、大功率直驱永磁风力发电系统并联双 PWM 变流器及其环流控制技术、基于 Z 源变流器风力发电并网技术、基于直驱永磁风力发电系统的风电场并网技术进行研究和探讨。本书可作为从事风力发电变流系统、Z 源变流器，特别是基于直驱永磁风力发电系统并网系统的研发人员、生产人员和管理人员、技术人员的参考用书，同时也可作为高等院校相关专业的教材。

　　本书由湖南大学风力发电团队荣飞副教授、黄守道教授、高剑副教授和湖南工业大学何静教授共同撰写。王辉教授、罗德荣副教授、黄科元副教授、肖磊博士、邓秋玲博士和张阳博士等对本书中的研究成果做出了重要贡献。

本书相关的基础研究工作获得了国家自然科学基金、国际科技合作专项和湖南省科技重大专项等项目的支持，本书在撰写过程中得到了湘电集团有限公司的大力支持，在此一并表示感谢。

由于时间和水平有限，对于本书中存在的错误和不妥之处，恳请广大读者不吝指正。

作者

2018 年 8 月

第1章 绪 论

1.1 风力发电基本原理

典型风能转换系统原理如图 1-1 所示。风吹动叶片使风轮旋转，将风能转换为机械能，叶轮带动发电机旋转，发电机再将机械能转化为电能，然后再通过功率变流器将电能变换成与电网同步的电压和频率后送入电网或通过变流器给蓄电池充电，最后利用蓄电池给负载供电；也可以通过一个可控的整流调节器，使风力发电机同时给负载和蓄电池供电。根据风轮旋转轴位置的不同，可分为垂直轴风轮和水平轴风轮两种。并网型风力发电系统的风轮一般为水平轴式，因为它能增强风塔的稳定性、减小或消除垂直轴向系统造成的风塔震荡现象。水平轴式风力机在其桨叶正对风向时才能旋转，因此，由偏航系统根据风向来控制风轮迎风角。

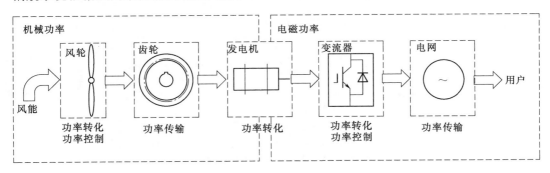

图 1-1 风能转换系统原理图

由图 1-1 可以看出，现代化的风力发电系统，已不只是一台风轮和一台发电机的简单组合，而是一个高度集成了空气动力学、电机学、电力电子技术、电力系统分析、继电保护技术、先进控制技术和数据通信等各方面知识为一体的复杂的机电能量转换系统。

1.2 风轮建模

1.2.1 风能的计算

由流体力学可知，单位体积气流所含能量可以表示为

$$E = \frac{1}{2}mv^2 \tag{1-1}$$

式中 m——气体的质量；

$\qquad v$——气体的速度。

则穿过横截面积为 S 的气体体积 V 可以表示为

$$V = Sv \qquad (1-2)$$

设空气密度为 ρ，则该空气的质量可表示为

$$m = \rho V = \rho Sv \qquad (1-3)$$

则速度为 v 的风，在经过横截面积为 S 处的风能表达为

$$E = \frac{1}{2}\rho Sv^3 \qquad (1-4)$$

从能量转换的角度来看，风力发电的原理是通过风轮将风能转换为机械能，再通过发电机将机械能转化为电能。1926 年，德国物理学家 Albert Betz 提出了第一个气动理论——Betz 基础动量理论。Albert Betz 假定风轮是理想的，即它没有轮毂，具有无限多叶片，气流通过风轮时没有阻力；此外，假定气流经过整个风轮扫掠面时是均匀的，并且气流通过风轮前后的速度为轴向方向。

如图 1-2 所示，由功的定义可知，风能的机械能仅由空气的动能降低所致，因此 $v_1 > v_2$，$S_1 < S_2$，假设气流是不可压缩而且连续的，故有 $S_1 v_1 = Sv = S_2 v_2$。

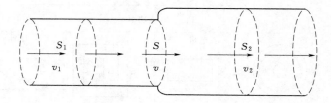

图 1-2 风轮的气流图

v_1—还未流经风轮叶片时的实际风速度；v—风流经风轮叶片的实际速度；

v_2—已经流经过风轮叶片时的风速；S—风轮叶片的面积；

S_1—对应 v_1 的横截面积；S_2—对应 v_2 的横截面积

由欧拉定理，风作用在风轮上的力可以表示为

$$F = \rho Sv(v_1 - v_2) \qquad (1-5)$$

则风轮吸收的功率为

$$P = Fv = \rho Sv^2(v_1 - v_2) \qquad (1-6)$$

风轮吸收的功率是由动能转换而来的，从上游至下游动能的变化为

$$\Delta E = \frac{1}{2}\rho Sv(v_1^2 - v_2^2) \qquad (1-7)$$

由于 $P = \Delta E$，则可得到

$$v = \frac{v_1 + v_2}{2} \qquad (1-8)$$

将式（1-8）分别代入式（1-5）和式（1-6），则可以得到作用在风轮上的力 F，以及风轮吸收的功率 P 为

$$\begin{cases} F = \dfrac{1}{2}\rho S(v_1^2 - v_2^2) \\ P = \dfrac{1}{4}\rho S(v_1^2 - v_2^2)(v_1 + v_2) \end{cases} \tag{1-9}$$

对于给定的风速 v_1，以 v_2 为变量，将式（1-9）对 v_2 微分可得

$$\frac{\mathrm{d}P}{\mathrm{d}v_2} = \frac{1}{4}\rho S(v_1^2 - 2v_1 v_2 - 3v_2^2) \tag{1-10}$$

令式（1-10）等于 0，可得到两个解：$v_2 = v_1/3$，对应于最大功率；$v_2 = -v_1$，没有物理意义。将 $v_2 = v_1/3$ 代入功率 P 的表达式（1-9），则可得最大功率表达式为

$$P_{\max} = \frac{8}{27}\rho S v_1^3 \tag{1-11}$$

将式（1-11）除以气流通过扫掠面 S 时风所具有的动能 E，可以得到风轮的理论最大风能利用系数，即

$$C_{P\max} = \frac{P_{\max}}{\dfrac{1}{2}\rho v_1^3 S} = \frac{8\rho S v_1^3/27}{\rho S v_1^3/2} \approx 0.593 \tag{1-12}$$

式（1-12）即为著名的贝茨理论的风能利用极限值。从式（1-12）可以看出，风轮所获取的风能是有限的，就算能量无损失且空气流是理想的，风能利用效率也只能达到 0.593。在实际中，能量转换因发电机和风轮的不同而有差异，由于能量的转换将导致功率下降，风轮的实际风能利用系数远达不到 0.593，基本为 0.2~0.5。

1.2.2 风轮的特性系数

风轮的特性系数主要有风能利用系数 C_P、叶尖速比 λ、转矩系数 C_T。

1. 风能利用系数 C_P

风能利用系数可以衡量风轮从风能中捕获能量的多少，它的数学表达式为

$$C_P = \frac{P}{\dfrac{1}{2}\rho S v^3} \tag{1-13}$$

式中　P——实际捕获得的功率，W；

ρ——空气密度，$\mathrm{kg/m^3}$；

v——风速，m/s。

S——风穿越面积。

C_P 值越大，说明风轮吸收的风能越大，效率就越高。风能利用系数 C_P 是桨距角 β 和叶尖速比 λ 表示的函数，彼此关系如图 1-3 所示。

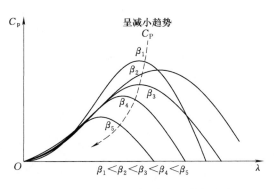

图 1-3　风轮的风能利用系数与叶尖速比和桨距角之间的关系曲线图

从图 1-3 中可得出两个结论：①对于任意 λ，桨距角 $\beta = 0°$时，对应的 C_P 为最大值，并随着桨距角 β 的增大而减小；②对于一个确定的 β，此时存在唯一的最佳叶尖速比 λ_{opt}，对应的风能利用系数记为 C_{Pmax}，此时系统转换效率最高。

2. 叶尖速比 λ

风轮在不同风速下的状态用叶尖速比描述。叶尖速比为叶片的叶尖线速度与风速之比，即

$$\lambda = \frac{2\pi Rn}{v} = \frac{\omega R}{v} \tag{1-14}$$

式中 n——风轮的转速，r/s；

ω——风轮的角频率，rad/s；

R——风轮叶片的半径。

3. 转矩系数 C_T

风能利用系数 C_P 与叶尖速比 λ 之比称为转矩系数，即

$$C_T = \frac{C_P}{\lambda} = \frac{T}{\frac{1}{2}\rho v^2 SR} \tag{1-15}$$

式中 T——风轮转矩。

1.2.3 最大风能捕获原理

由式（1-14）可知，叶尖速比 λ 与风速、风轮的转速有关，相同的风速下，不同的风轮转速会得到不同的叶尖速比，从而得到不同的风能利用系数 C_P，风轮输出不同的功率 P。若想获得最大风能利用系数 C_{Pmax}，追踪最佳功率曲线，必须在风速变化时实时控制风轮的转速 ω，保持最佳叶尖速比 λ_{opt}。

风轮的功率 P 可用风轮转矩 T 和转速 ω 来表示，即

$$\begin{cases} P = T\omega \\ T = \frac{1}{2}\rho\pi v^2 R^3 C_T(\lambda) \end{cases} \tag{1-16}$$

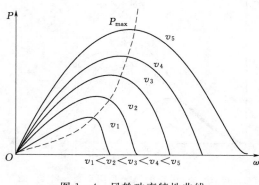

图 1-4 风轮功率特性曲线

由式（1-16）可以得出，风轮的最大功率 P 和转矩 T 分别与转速 ω 的三次方和二次方成正比例关系，实质上风轮的功率曲线与转矩曲线是一致的，只是体现的角度不同而已。风轮功率特性曲线如图 1-4 所示。

1.3 风轮功率控制

1.3.1 定桨距风轮与变桨距风轮

所谓定桨距风轮，就是叶片安装好后安装角不再发生变化。定桨距风轮一般设计有可控的叶尖扰流器，可旋转 90°形成阻尼板，当风电机组需要脱网时可使机组制动。失速型定桨距风轮的整体结构简单、部件少、造价低，并具有较高的安全系数，利于市场竞争。但失速型叶片成型工艺较复杂，叶片的失速特性不好控制，不利于向大机组发展。

变桨距风轮是为了适应不同的风速，使其在不同风速下都有较高的功率系数而设计的。根据风轮的功率特性，如果在某一风速下有较高的功率系数，则在其他风速下功率系数会下降。如果随着风速的变化，调节整个桨叶的安装角，则有可能在较大的风速范围内都可以获得较高的功率系数，从而可以获得最大功率输出。

变桨距型风轮能使叶片的安装角随风速变化而变化，从而使风轮在各种工况下（启动、正常运转、停机）按最佳参数运行。它可以使发电机在额定风速以下的工作区间输出较大的功率，而在额定风速以上高风速区间不超载，因此发电机不需要大的过载能力。它的缺点是需要有一套比较复杂的变桨距调节结构。

1.3.2 风轮功率控制方式

为了避免高风速对风轮带来的损害，可以采用不同的控制方法控制作用在风轮上的气动转矩和限制风轮的输出功率。对风轮输出功率的控制方法有失速控制（被动控制）、变桨距控制（主动控制）和主动失速控制。

1.3.2.1 失速控制

失速控制是最常用的控制方法，叶片以一个固定的角度安装在轮毂的轴上。因此在额定风速下，风轮的效率较低。而当风速超过额定风速时，桨叶依赖于叶片独特的翼型结构，使流过叶片的气流产生紊流而降低叶片的利用效率，自动将功率限制在额定值附近，使转子失去一部分功率，因此这种控制方式称为失速控制。气动功率调整的速度比较慢，比快速桨距功率调整引起的功率波动小。这种控制方式的缺点是在低风速下效率低，无辅助启动，在空气密度和电网频率发生变化时，最大静态功率发生变化。失速控制的过程很复杂，特别是风速不稳定时的精确计算很困难，所以只在兆瓦级以下的风机中得到应用。

1.3.2.2 变桨距控制

变桨距控制的原理是气流对叶片的攻角可随着风速的变化而进行调整，从而改变风电机组从风中获得的机械能。这种控制方法的优点是可以对功率进行很好的控制，并可以辅助启动和紧急刹车。从发电效率来看，优良的功率控制意味着在高风速下输出功率的平均值总是接近发电机的额定功率。而变桨距控制可以调节桨叶桨距角，使输出功率保持稳定。该控制方式的缺点是由于存在桨距机构，结构复杂，在高风速下功率波动较大。由于阵风和桨距机构下的限速，瞬时功率将会在平均额定功率附近发生波动。

1.3.2.3　主动失速控制

主动失速控制是失速控制和变桨距控制的结合，它在低风速下和高风速下都可以对输出功率进行控制。在低风速下，将桨距角调节到最佳桨距角以获得更高的气动效率；在高风速下，风力机按照与低风速时变桨距调节的相反方向来调节桨距角。这种主动失速控制的实质是叶片攻角发生了变化，从而引起更深层次的失速。主动失速控制的风力机可以获得平滑的、有限的功率，不会像变桨距控制风力机那样产生大的功率波动。这种控制方式的优点是能够补偿空气密度的变化，容易启动并容易实现紧急刹车。

主动失速控制风轮在原理上是一个具有变桨距机构的失速控制风轮。失速控制风轮和主动失速控制风轮的区别在于后者有一个可以控制失速效果的变桨距角触动系统；另外，功率系数可以在某个范围内进行优化。当风速在启动风速和额定风速之间时，桨距角按最佳输出功率调节到最佳位置；当风速超过额定风速时，通过利用失速效果将输出功率限制在额定功率。为了获得平坦的功率曲线，即在额定风速到切出风速之间得到恒定的额定功率，必须相应地对桨距角进行调节。主动失速控制风轮的运行模式有功率优化和功率限制两种。

1. 功率优化

当风速低于额定风速且输出功率低于额定功率时，对风轮输出功率进行控制的目标是实现最大功率点跟踪以捕获最大风能。通过在给定的风速下求出对应于最佳功率系数C_{Pmax}的桨距角，同时当风速变化时改变风轮的转速来改变叶尖速比来对功率进行优化。

由于风速是在某一个时间范围内的平均值，因此对桨距角进行调节只能获得平均风速时的最大功率系数。功率优化是一个开环控制，不需要来自桨距角和功率对风速的反馈量，控制简单。

图 1-5 所示为在不同风速下风能利用系数C_P与桨距角β的关系曲线，可以看出：在低风速时，C_P—β的关系曲线在C_P最大值处相当尖，即C_P对偏离最佳桨距角β的小小的变化都是很敏感的；

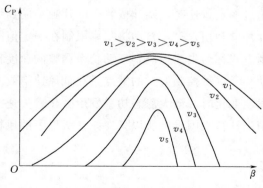

图 1-5　在不同风速下风能利用系数C_P与桨距角β的关系曲线

在高风速时，曲线在顶部变得平坦些，即风速稍微变化和偏离最佳角对最佳功率系数没有太大的影响。因此，低风速时的最佳桨距角应该精确地求出。

调节桨距角时应该根据平均风速值而不是根据瞬时风速值，因此要使用平均移动法求出平均风速。平均移动法实际上是一个过滤风速信号的方法，此方法常用于风力机控制器中。在风速超过额定风速或功率超过额定功率时，桨距角控制系统才起作用。

2. 功率限制

当输出功率超过额定值，或风速超过额定值时，功率限制模式就起作用。在功率限制模式中，功率控制采用闭环控制，将测量到的发电机平均功率和风力机功率的设定值进行比较，在正常运行时，风轮功率的设定值一般是风轮的额定值。若平均功率超过设定值，桨距角按负方向增加以增加失速效果，因此限制输出功率；若平均功率低于设定值，桨距角按正方向增加以降低失速效果，因此增加输出功率。图1-6所示为在额定风速和切出风速范围内获得恒定功率时桨距角的调节。

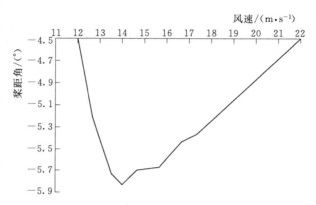

图1-6 在额定风速到切出风速范围内获得恒定功率时桨距角的调节（2MW）

1.4 风电机组功率控制策略

为了从风中捕获到更多的风能，根据风轮的功率特性，应采取如下控制策略。

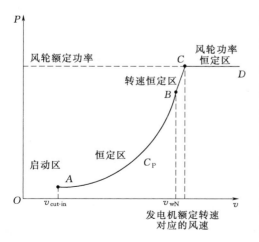

图1-7 风电机组的运行区域

（1）在风轮切入风速（$v_{\text{cut-in}}$）到风轮的额定转速对应的风速 v_{wN} 之间。根据风轮的功率特性可知，风速太低时，捕获的风能也少，系统的效率也低。因此在风速太低的情况下不宜启动风电机组，只有当风速到达一定值，即切入风速后，才启动风电机组，如图1-7所示的 OA 区间。但为了提高整个风力发电系统的利用率，风电机组的切入速度也不宜太高，对直驱永磁风力发电机而言，减小发电机的齿槽转矩可适当降低风电机组的切入速度。风速超过风轮的切入风速时启动风电机组，风轮转速由零增大到发电机的切入转速，C_P 值不断上升，风电机组开始运行。为了从随机变化的风中获得最大功率，将桨距角设为最佳值，C_P 恒定为最大值，如图中的 AB 区间，这时风电机组运行在最大功率点跟踪状态。

（2）风速超过风轮额定转速对应的风速 v_{wN}。随着风速的增加，风轮转速也随之增加，为了保证风电机组的安全稳定运行，必须对风轮规定一个允许的最大转速，即风轮的额定转速对应的风速 v_{wN}，对应图 1-7 中 B 点的风速，这个风速一般应小于与发电机额定功率对应的风速，即发电机额定转速对应的风速，对应于图 1-7 中的 C 点。当到达额定风速这个点后，风速再增加时，风轮的转速不再增加，即进入转速恒定区间，如图中的 BC 段。为了运行在恒定转速区，则必须在发电机输出额定功率之前改变控制策略；也就是随着风速增大，调节桨距角使 C_P 值减小，因为风速还在增加，所以功率仍然增大，直到发电机的输出功率到达发电机额定功率。一般根据测量的发电机输出功率来决定速度设定值。考虑到桨距控制系统的反应较慢，从风轮额定转速增加到发电机额定转速的过程中，发电机转速大约会增加 10%。

（3）当风速继续增大，发电机转速已经到达其额定值，同时发电机的输出功率也到达了额定功率，继续调节风轮桨距角，降低风轮的风能利用系数，保持发电机输出的功率为额定值不变，此时风轮工作在功率恒定区，如图 1-7 中的 CD 段所示。当风速增大到切出风速（$v_{cut\text{-}off}$，系统运行时允许的最大风速）时，为了避免机组零部件的损坏，应该将风轮停止运行。

1.4.1　额定风速下发电机的控制

风吹动风轮的叶片使风轮旋转，风轮再带动发电机旋转。当发电机的电磁转矩和风轮的气动转矩达到平衡时，发电机处于平衡运行状态。在直驱永磁风力发电系统中，发电机与风轮是直接相连的，因此风电机组的动态特性可以用比较简单的数学模型来反映，即

$$J_w \frac{\mathrm{d}\omega_w}{\mathrm{d}t} = T_w - T_{em} \tag{1-17}$$

式中　J_w——风轮的转动惯量，$\mathrm{kg \cdot m^2}$；

　　　T_w——风轮的气动转矩，$\mathrm{kN \cdot m}$；

　　　T_{em}——发电机的电磁转矩，$\mathrm{kN \cdot m}$。

风轮气动转矩 T_w 的大小与风速的关系为

$$T_w = \frac{1}{2}\rho \pi R^3 v^2 C_P(\beta, \lambda) \tag{1-18}$$

由式（1-18）可知，当风速发生变化时，风轮的气动转矩 T_w 和发电机的转速随风速 v 的变化而变化，发电机的电磁转矩与风轮的输出转矩达到动态平衡状态。

为了从风中获得最多的风能，必须对风轮的转速进行控制，得到最佳叶尖速比从而获得最佳功率系数。由于风速的准确测量比较困难，并且增加了系统的复杂性和成本，

因此一般采用不需要测量风速的控制方法，可以将式（1-13）中的功率与风速的关系转换成功率与风轮转速的关系，即

$$P = \frac{1}{2}\rho\pi R^2 \left(\frac{2\pi Rn}{\lambda}\right)^3 C_P(\lambda,\ \beta) \qquad (1-19)$$

当风力机运行在一个最佳叶尖速比 λ_{opt} 时，则有一个最佳功率系数 C_{Pmax} 与之对应，此时输出的功率最大，则风轮获得的最大功率与风速之间的关系为

$$P_{max} = \frac{1}{2}\rho\pi R^2 v^3 C_{Pmax} \qquad (1-20)$$

在这种最佳条件下，发电机最佳速度 ω_g 与风速成正比，即

$$\omega_g = K_\omega v \qquad (1-21)$$

此时，发电机最大机械功率 P_{max} 和最佳转矩值 T_{max} 是风速 v 的函数，即

$$P_{max} = K_p v^3 \qquad (1-22)$$

$$T_{max} = K_t v^2 \qquad (1-23)$$

式中 K_ω、K_p、K_t——由风轮特性决定的常数。

将式（1-21）代入式（1-22）和式（1-23），可推导出以下关系

$$P_{max} = \frac{K_p}{K_\omega^3}\omega_g^3 = K_{p-opt}\omega_g^3 \qquad (1-24)$$

$$T_{max} = \frac{K_t}{K_\omega^2}\omega_g^2 = K_{t-opt}\omega_g^2 \qquad (1-25)$$

根据式（1-25），发电机转矩 T_g 为

$$T_g = K_{t-opt}\omega_g^2 \qquad (1-26)$$

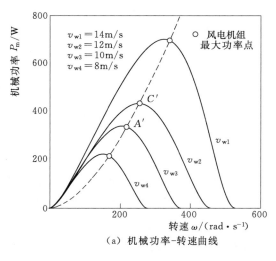

（a）机械功率-转速曲线

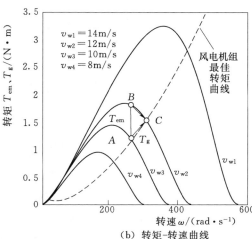

（b）转矩-转速曲线

图 1-8 风电机组特性

最大功率点跟踪算法工作原理为：当风速为 v_{w3} 时，发电机工作在最大功率点 A' [图 1-8（a）] 和最佳点 A [图 1-8（b）]，此时发电机电磁转矩 T_{em} 和风轮的输出转矩 T_m 处于平衡状态；当风速增加到 v_{w2} 时，T_m 过渡到 B 点，T_{em} 仍维持在 A 点。由于发

电机电磁转矩 T_{em} 小于风轮的输出转矩 T_m，发电机转速将增加，T_{em} 沿着最佳曲线增加，风轮转速下降，T_m 则降低。最后，它们将在 v_{w2} 的最佳转矩曲线的 C 点上达到稳定状态，对应最大功率点 C'。

风轮的输出转矩 T_m 沿着 $T_m = f(\omega_g)$ 移动，而发电机电磁转矩 T_{em} 随发电机的速度根据式（1-26）进行控制，因此发电机电磁转矩 T_{em} 沿着由发电机速度 ω_g 决定的最佳转矩曲线移动，当发电机电磁转矩 T_{em} 与风轮的输出转矩 T_m 相等时，系统运行在静态平衡状态。由式（1-18）知，当风速发生变化时，风轮的输出转矩 T_m 与发电机电磁转矩 T_{em} 不停地跟随风速变化最后达到一个动态平衡。若风轮的输出转矩 T_m 和发电机电磁转矩 T_{em} 在任何给定的风速都设定为最佳值 T_{opt}，风轮则运行在相应风速下的最大功率点。

1.4.2　额定风速以上发电机的控制

根据式（1-13），从风中所获得的能量与风速的 3 次方成正比，但从风中获得的能量不能无限制的增加，在高风速状态下，能量的获取和风力机的转速都必须考虑到风电机组电气特性和物理特性的限制。为了防止电气装置的损坏，在高风速下，应限制发电机的功率输出使之保持为发电机的额定输出功率。为了预防机械部件损坏，超过额定风速时就要采取措施，限制风轮和发电机的转速使其低于某个极限值，在超过切出风速时应该将风轮停止运行。

从风中所获得的能量也与风轮的功率系数成正比，因此要限制额定风速以上风轮输出的功率也可以通过控制功率系数来实现。由前述可知：风轮的功率 P 既是叶尖速比 λ 的函数，也是桨叶桨距角 β 的函数，因此有两种方法来控制风轮的功率系数：一是通过改变发电机的转速来改变风轮的叶尖速比；二是改变桨叶桨距角以改变空气动力转矩。

实际上，变速风电机组在高于额定风速运行时，也可以将转速调节控制和变桨距调节控制结合起来使用，这样虽然增加了额外的变桨距机构和相应的控制系统的复杂性，但由于可以显著提高传动系统的柔性及输出的稳定性，因此是变速风电机组理想的控制方案。

1.4.3　最大功率点跟踪控制策略

从前面的分析可知，要提高风能利用系数，必须在风速变化时及时调整风轮的速度，保持叶尖速比为最佳值，才能使风电机组运行在变速运行状态时捕获更多的能量。有文献表明当变速恒频风电机组采用最大功率点跟踪（maximum power point tracking，MPPT）控制策略时，所捕获的功率比恒速恒频风电机组要多 9%～11%。目前运用最广泛的 MPPT 控制策略主要是爬山搜索法。

爬山搜索法的基本思想是：首先人为地给风力发电系统施加一个转速扰动，然后根据测量到的功率的变化情况，通过使用特定的推理机制来自动搜寻发电机的最佳转速点，使发出的功率接近最大功率。这种控制方法与风轮的空气动力学特性无关，可以用

参　考　文　献

软件来实现。

参　考　文　献

[1]　杨俊华，吴捷，杨金明，等．现代控制技术在风能转换系统中的应用［J］．太阳能学报，2004，25（4）：530－539.
[2]　姜燕．直驱型永磁同步风力发电系统变流器控制方法研究［D］．长沙：湖南大学，2013.
[3]　闫耀民，范瑜，汪至中．永磁风力发电机风力发电系统的自寻优控制［J］．电工技术学报，2002，17（6）：82－86.
[4]　叶杭冶．风力发电机组的控制技术［M］．北京：机械工业出版社，2006.
[5]　王丰收，沈传文，孟永庆．基于MPPT算法的风力永磁发电系统的仿真研究［J］．电气传动，2007，37（1）：6－10.
[6]　邓秋玲．电网故障下直驱永磁同步风电系统的持续运行与变流控制［D］．长沙：湖南大学，2012.
[7]　邓超．基于改进型滑模观测器的直驱永磁风电运行控制研究［D］．长沙：湖南大学，2013.
[8]　刘细平，林鹤云．风力发电机及风力发电控制技术综述［J］．大电机技术，2007（3）：17－20，55.
[9]　刘静佳．永磁直驱式风电变流器故障的容错控制［D］．长沙：湖南大学，2014.
[10]　浦清云．基于比例谐振控制的直驱风电变流系统研究［D］．长沙：湖南大学，2012.

第2章 直驱永磁风力发电系统的组成与设计

2.1 直驱永磁风力发电系统的构成与运行原理

作为变速恒频发电系统的典型代表,背靠背双 PWM 直驱永磁风电机组不仅具有良好的运行特性,还因其效率高、维护量小、发电机结构相对简单易控制、适应电网能力强以及发电性能稳定等优势,日益受到人们的关注。本章针对背靠背双 PWM 全功率变流器控制的直驱永磁风电机组 (direct-driven permanent magnet synchronous generator, D-PMSG) 进行研究,其系统的拓扑结构如图 2-1 所示,由风力机、低速多极直驱永磁风力发电机 (PMSG),PWM 变流器、中间直流环节和 PWM 变流器、滤波器以及变压器组成。

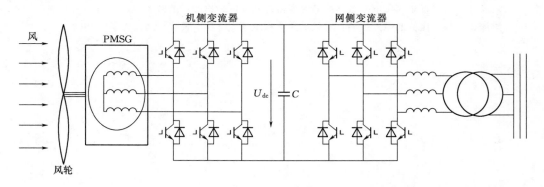

图 2-1 背靠背双 PWM 全功率变流器控制的直驱型永磁风力发电系统拓扑结构

如图 2-1 所示,直驱永磁风力发电系统的工作原理如下:自然风以某一速度和攻角作用到风轮桨叶上,生成旋转力矩,带动风轮旋转以此捕获风能,同时将风能转换成轴上的机械能输出,由于风轮与直驱永磁风力发电机同轴,可直接驱动发电机旋转。当达到切入风速时,PWM 变流器开始工作,机侧变流器吸收永磁风力发电机输出的幅值、频率和相位交变的交流电,并将其整流成直流电;直流环节用来存储、缓冲整流后的直流电能,同时也能吸收所连接变流器的无功功率,使有功功率和无功功率在直流环两侧保持平衡;网侧变流器将直流电逆变成频率和电网等频率、等相位以及等幅值的交流电,再经滤波、变压后并入公共电网。

采用双 PWM 全功率变流器的优点是可以通过改变 PWM 的调制深度来改变发电机的转速,通过调节定子侧的 d、q 轴电流分量,实现转速和转矩的独立解耦控制,额定风速下实现最大功率点跟踪、捕获最大风能为控制目标;电网侧 PWM 变流器同样可以

通过调节网侧的 d、q 轴电流分量,实现有功功率和无功功率的解耦控制,达到单位功率因数能量传输,同时还要确保直流侧母线电压的稳定,改善输入到电网的电能质量。

2.2　直驱永磁风力发电系统参数设计

本节在直驱永磁风力发电系统并网变流技术条件的基础上,以 1.5MW 直驱永磁风电机组并网变流器样机为例,对主电路各环节进行设计计算。直驱永磁风力发电系统并网变流器主电路结构如图 2-2 所示。其主要技术参数如下:

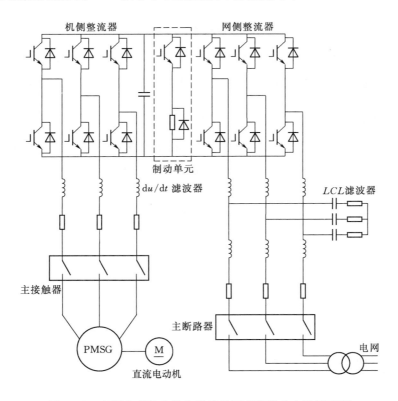

图 2-2　直驱永磁风力发电系统并网变流器主电路原理图

（1）发电机侧额定容量为 1650kVA,电机额定转速为 18.5r/min;电网侧额定容量为 1500kVA;并网变流器额定线电压为 690V;中间直流母线电压为 1050V;开关频率为 2.1kHz;电流波形畸变率 THD 小于 5%;电网频率为 50Hz;变流器效率大于 96%;冷却方式为循环水冷。

（2）对于三相电压型 PWM 变流器而言,需满足中间直流母线电压 $U_{dc} \geqslant \sqrt{2} U_1$,$U_1$ 为线电压有效值,$U_1 = 1050V > 690\sqrt{2} V$,因此中间直流母线电压取值为 1050V 满足设计要求。

并网电能质量是衡量网侧变流器设计与控制水平的重要指标。随着风电机组单机容

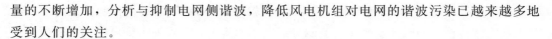

量的不断增加，分析与抑制电网侧谐波，降低风电机组对电网的谐波污染已越来越多地受到人们的关注。

对于三相电压型 PWM 变流器而言，网侧谐波抑制主要有低次谐波抑制与高次谐波抑制两方面内容。低次谐波的产生主要来自系统外部扰动、闭环参数设计、脉冲死区以及计算延时等因素，可通过合理设计控制策略、调节控制参数、补偿死区时间等措施调节。高次谐波是 PWM 调制所引起的，系统功率等级越高、开关频率越低，高次谐波污染就会越严重，影响并网其他设备的正常运行。通过合理选择网侧滤波器拓扑、设计滤波器各元件参数，可将注入电网的各阶高次谐波抑制在期望范围内。

2.2.1　直驱永磁风力发电系统功率组件参数设计

直驱永磁风力发电系统并网变流器机侧主电路包括 IGBT 功率模块、电容稳压电路、IGBT 制动电路、继电器预充电电路等，其中最重要的是 IGBT 功率模块。

2.2.1.1　IGBT 开关管的选择

绝缘栅双极晶体管（IGBT）是一种结合了电力晶体管（GTR）和电力场效应管优点的复合型电力电子器件，既具有开关速度快、驱动功率小的特点，又兼有电力晶体管电流能力大、导通压降低的优点，在各种电力变换中得到极为广泛的应用。

IGBT 的选择主要需考虑额定电压、额定电流以及开关频率三方面。

功率器件参数要求如下：

机侧变流器功率器件参数：电压为 690V；容量为 1650kVA。

网侧变流器功率器件参数：电压为 690V；容量为 1500kVA。

IGBT 功率模块主要包括电压额定值 U_N 和电流额定值 I_N 等参数。

1. 确定电压额定值 U_N

直流母线电压 $U_{dc}=1050V$，考虑到变流器开通与关断时的过电压和过电流，安全裕量取 1.1 倍，则电压额定值 U_N 为

$$U_N = 1.1 U_{dc} = 1155V \tag{2-1}$$

从线路的寄生参数影响等因素考虑，IGBT 的实际电压等级定为 1700V。

2. 确定电流额定值 I_N

机侧变流器的容量为 1650kVA，系统工作在满功率发电工况时，对应的变流器额定线电流有效值 $I_0 = 1650000VA/(\sqrt{3} \times 690V \times 1) = 1380A$，根据额定电流可得机侧流过 IGBT 额定峰值电流为

$$I_{nmax} = \sqrt{2} I_0 = 1952A \tag{2-2}$$

网侧变流器的容量为 1500kVA，对应的变流器额定线电流有效值 $I_0 = 1500000VA/(\sqrt{3} \times 690V \times 1) = 1255A$，根据额定电流可得网侧流过 IGBT 额定峰值电

流为

$$I_{nmax} = \sqrt{2}\,I_0 = 1775\text{A} \qquad (2-3)$$

考虑到电网电压跌落 10％ 及变流器的 1.2 倍过载运行要求，双 PWM 变流器中的功率模块采用 Infineon/FZ2400R17KE3IGBT 功率模块，额定电压为 1700V，额定电流为 2400A。

2.2.1.2　中间直流环节电容的选取

变流器直流侧电容的主要作用是缓冲 PWM 变流器交流侧与直流侧间的能量传递，稳定直流母线电压，同时抑制直流侧的谐波电压。

对于电容容量的选取，从满足电压环控制的跟随性指标来看，并网变流器的直流侧电容应尽可能小，以实现主电路对直流侧电压的快速跟踪控制；而从符合电压环控制的抗扰动性指标分析得知，直流侧电容又应尽量大，从而滤除直流侧的纹波电压和限制负载扰动时的直流母线电压降落。由此可以看出，直流侧电容参数的设计直接关系到直流侧电压波动的大小。

对于满足直流电压的跟随性指标时的电容设计，通常是讨论变流器直流侧电容电压从最低值跃变至额定值的动态过程。

这里所说的直流电压最低值指的是变流器交流侧接入电网后功率器件不进行调制，当系统启动后尚未对桥臂的开关管施加 PWM 开关信号时所取的值，其直流母线电压 U_{dc} 为

$$U_{dc} = 1.35 U_l \qquad (2-4)$$

在额定直流负载情况下，变流器直流侧输出额定功率时，其直流电压为

$$U_{de} = \sqrt{P_e R_{Le}} \qquad (2-5)$$

式中　P_e——变流器直流侧额定输出功率；

$\quad\quad$ R_{Le}——额定直流侧的负载电阻；

$\quad\quad$ U_{de}——变流器直流侧额定电压。

若电压调节器用 PI 调节，在变流器直流侧电容电压尚未超过指令值之前，电压调节器的输出始终饱和。电压调节器的输出为变流器交流侧的电流幅值指令，若不计电流内环惯性影响，此时变流器直流侧以最大电流 I_{dm} 对直流电容和负载充电，使变流器直流侧电容电压以最快速度上升。其等效电路方程为

$$U_{de} - U_{d0} = (I_{dm}R_{Le} - U_{d0})(1 - e^{\frac{t}{\tau}}) \qquad (2-6)$$

其中　$\qquad\qquad\qquad\qquad \tau = R_{Le}C$

式中　U_{d0}——充电前变流器直流侧初始电压，通常可取 $U_{d0} = U_{dc}$，可将式（2-6）化
$\quad\quad\quad$ 简成

$$t = \tau \ln \frac{I_{dm}R_{Le} - U_{d0}}{I_{dm}R_{Le} - U_{de}} \qquad (2-7)$$

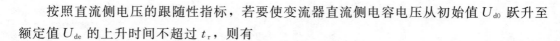

按照直流侧电压的跟随性指标，若要使变流器直流侧电容电压从初始值 U_{d0} 跃升至额定值 U_{de} 的上升时间不超过 t_r，则有

$$\tau \ln \frac{I_{dm}R_{Le}-U_{d0}}{I_{dm}R_{Le}-U_{de}} = R_{Le}C\ln \frac{I_{dm}R_{Le}-U_{d0}}{I_{dm}R_{Le}-U_{de}} \leqslant t_r \tag{2-8}$$

显然

$$C \leqslant \frac{t_r}{R_{Le}\ln \dfrac{I_{dm}R_{Le}-U_{d0}}{I_{dm}R_{Le}-U_{de}}} \tag{2-9}$$

通常，工程中常取

$$\begin{cases} I_{dm} = 1.2\dfrac{U_{de}}{R_{Le}} \\[3mm] U_{de} = \sqrt{3}\,u_1 \end{cases} \tag{2-10}$$

综上所述，可得变流器直流侧电容上限值为

$$C \leqslant \frac{t_r}{0.74R_{Le}} \tag{2-11}$$

若要得到直流侧电容的最小值，需使变流器直流侧能够符合负载阶跃扰动时的抗干扰性能指标 ΔU_{max}，则变流器直流侧电容应该足够大，其下限值为

$$C \geqslant \frac{U_{de}}{2\Delta U_{max}R_{Le}} \tag{2-12}$$

对于上述两种性能指标来说，要想实现完全兼容并不太现实，在实际电容参数的设计过程中，需根据其实际情况综合考虑，选取合适的电容值。

假设 $R_{Le}=840\Omega$，$t_1=9.8s$，$\Delta U_{max}=50V$，根据式（2-11）和式（2-12）计算出直流侧电容 C 的取值范围，$C<15771\mu F$，$C>14227\mu F$，所以，可选取 $C=15000\mu F$。采用 NIPPON CHEMI-CON（NCC）/4700μF/450VDC 黑金刚电解电容，先将 3 个电容串联，再 10 组并联，这样直流母线电容整体可承受的电压为 1350V，总电容为 16000μF。

2.2.2　网侧 LCL 滤波电路设计

三相电压型 PWM 变流器的输出电压为 PWM 波，需通过滤波才能实现风电并网。传统的网侧滤波器通常为 L 滤波器，然而随着功率等级的不断提高，开关器件的开关频率随之降低，若要满足抑制谐波的要求，所需的电感值将会很大。大的电感量不仅增大了变流器体积，增加了变流器成本，还将导致变流器的电流调节速度变慢。

本节采用 LCL 滤波器取代传统的 L 滤波器，通过适当的参数配置，LCL 滤波器能够对网侧电流高频谐波成分起到更好的抑制作用，同时使得总电感降低，有助于降低成本，减小变流器装置体积。

LCL 滤波三相电压型 PWM 变流器结构如图 2-3 所示。

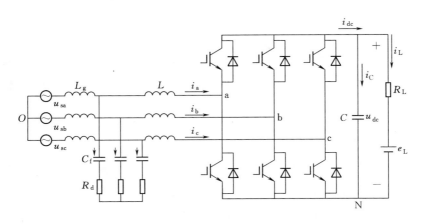

图 2-3 LCL 滤波三相电压型 PWM 变流器结构图

L_g—并网变压器漏电感；L—逆变器输出滤波电感；C_f—滤波电容；

R_d—为了避免 LCL 滤波器出现零阻抗谐振而设置的阻尼电阻

2.2.2.1 总电感 L_T 的选取

在单纯考虑纯电感滤波的整流电路中，交流侧稳态相电压矢量关系如图 2-4 所示。

当 $|\dot{U}_s|$ 不变，$|\dot{I}_T|$ 一定时，矢量 $\dot{U}_r$ 的端点轨迹是半径为 $|\dot{U}_L|$ 的圆。

当变流器工作于单位功率因数状态时，根据"矢量三角形"有

$$U_{sm}^2 + (\omega L I_m)^2 = U_{rm}^2 \quad (2-13)$$

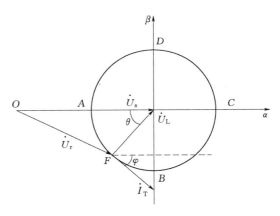

图 2-4 交流侧稳态相电压矢量关系

U_r—变流器交流侧的相电压基波有效值；

U_s—电网的相电压基波有效值；

I_T—电网的相电流基波有效值；

U_L—电感两端的电压；φ—系统功率因数角

式中 U_{sm}——电网相电压峰值，由于电网侧额定容量为 1500kVA，并网变流器额定线电压为 690V，所以 $U_{sm} = \dfrac{690}{\sqrt{3}} \times \sqrt{2} = 563.383\text{V}$；

ω——基波角频率，$\omega = 2\pi f = 314\text{rad/s}$；

U_{rm}——采用 SVPWM 控制策略输出交流相电压的峰值，当直流母线电压为 1050V 时，$U_{rm} = 857\text{V}$；

I_m——交流输出的相电流峰值，$I_m = \dfrac{1500000}{3 \times 690/\sqrt{3}} \times \sqrt{2} = 1774.993\text{A}$。

将 U_{sm}、ω、U_{rm}、I_m 的数值代入式（2-1）可得 $L_T = 1.16\text{mH}$。

当变流器输出纯电容性无功时，由式（2-13）可得

$$U_{sm} + \omega L I_m = U_{rm} \tag{2-14}$$

解得 $L_T = 210\mu H$。

在实际工程中，变流器处于纯容性无功输出和单位功率因数输出之间，因此 L_T 应满足 $210\mu H < L_T < 1.16mH$。本书取 $L_T = 0.8mH$，L_g 为并网变压器漏电感，可实测到逆变器输出滤波电感 $L = L_T - L_g$。

2.2.2.2　滤波电容设计

滤波电容的设计与网侧电压、电流传感器的检测位置有关。本章中电流传感器检测变流器网侧电流 i_x，电压传感器检测滤波电容电压 u_C。当变流器以单位功率因数并网时，变流器在电网侧呈现纯阻性，等效阻抗 Z_b 为

$$Z_b = 3 \times \frac{(U_{sm}/\sqrt{2})^2}{P} = 1.5\frac{U_{sm}^2}{P} \tag{2-15}$$

式中　U_{sm}——网侧相电压峰值；

　　　　P——系统额定功率；

　　　　Z_b——等效阻抗，称为系统基准阻抗。

控制 u_C 与 i_x 同相位，则从网侧看，系统电路表现为电容 C_f 和系统基准阻抗并联后与网侧漏电感 L_g 串联，等效电路如图 2-5 所示。

令 $X_g = \omega L_g$，$X = \omega L$，$X_C = 1/\omega C_f$，各元器件标幺值为 $x_g = X_g/Z_b$，$x = X/Z_b$，$x_C = Z_b/X_C$，则有

$$Z_{grid} = jX_g + \frac{-jX_C Z_b}{-jX_C + Z_b} \tag{2-16}$$

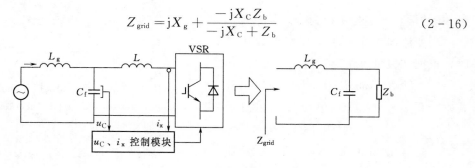

图 2-5　检测电容电压、变流器侧电流

将式（2-16）两边同除以基准阻抗 Z_b 化为标幺值，对于基波来说，$x_C^2 \ll 1$，忽略该项值，有

$$z_{grid} = \frac{Z_{grid}}{Z_b} = jx_g + \frac{1}{1 + jx_C} \approx 1 + j(x_g - x_C) \tag{2-17}$$

由此可知，当 $x_C = x_g$，即 $C_f = Z_b^2/L_g$ 时，网侧 LCL 滤波电路呈现纯阻性。

假设额定功率下网侧无功分量占有功分量的 2%，网侧额定容量为 $1500kVA$，并网变流器额定线电压为 $690V$，则式（2-15）中 $U_{sm} = 563V$，$P = (1500 \times 0.98)kVA$。由式（2-15）可得 $Z_b = 0.32\Omega$，$C_f = 0.02/(\omega Z_b) = 196\mu F$，当 $C_f < 196\mu F$ 时，滤波电容对系统功率因数的影响可基本忽略。本书取 $C_f = 50\mu F$。

2.2.3 共模抑制电路设计

对于三相电压型 PWM 变流器而言，输出电压中包含正序分量、负序分量以及零序分量（共模电压）。机侧变流器所输出的高频 PWM 波对发电机的危害极大。发电机定子中性点的高频共模电压通过定转子间气隙电容后在发电机主轴上感应出轴电压，轴电压通过发电机轴承进行放电，从而引起轴电流，导致发电机轴承出现凹坑而过早损坏，影响发电机寿命。此外，轴电流所引起的电磁干扰（EMI）还将导致电流传感器产生检测误差，影响控制。

对于共模电压的抑制问题已有许多相关方面的研究成果，可以从控制方法的改进或者通过加入一些电路来抑制共模电压。本节采用传统的加 Y 电容方法来实现共模电压的抑制，考虑到如果所选取的电容太大会引起较大的漏电流，危及人身安全，所以采取每相支路上添加一个 $8\mu F$ 的 Y 电容。

2.3 直驱永磁风力发电机变流系统控制电路设计

变流系统 DSP 控制电路包括机侧和网侧两部分，从结构上看两者相似，只是控制策略不同，两者的硬件设计也相似。单个变流系统 DSP 控制电路框图如图 2-6 所示。首先，DSP 启动 AD 模块采样机端的电压和电流，经过控制算法计算，输出 PWM 驱动脉冲指令，再通过光纤传送到各功率单元，DSP 还通过光纤返回 IGBT 状态量，接收并处理 IGBT 故障信号。DSP 还通过 RS485 和上位机通信，实现对整个系统的监控。EP-WM 输出电机转速、转子位置角、有功电流、无功电流分量等模拟量，通过观察这些状态量，对 DSP 控制程序调试有重要的作用。

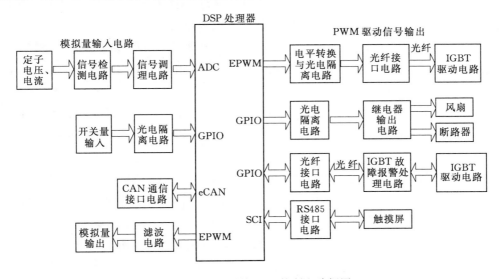

图 2-6 变流系统 DSP 控制电路框图

2.3.1　DSP 控制芯片概述

变流系统 DSP 控制电路的处理器采用 TI 公司的 32 位 DSP TMS320F2808，该芯片与 TMS320F28x 系列的其他 DSP 相比，舍弃了扩展用的地址总线、数据总线等，结构简单，引脚少，性能大大提高，成本比较低。F2808 的定时器和 PWM 生成机制改变很大，F2808 取消了事件管理器，代之以 EPWM 模块。系统提供了 1 个 32bit 系统时钟 TIMER0 用于系统定时，系统设置一个和 PWM 控制周期异步的 1ms 定时周期，用于管理程序和通信定时轮巡、外控端子轮巡等。PWM 时基定时器 EPWMTB1～EPWMTB3 用于级联生成 6 路互补的全比较 PWM 驱动脉冲。时基定时器可工作在停止/保持、单增计数、连续增计数、定向增/减计数、单增/减计数、连续增/减计数共 6 种工作模式，且每个定时器能产生上溢、下溢、周期匹配和比较匹配 4 种中断事件。3 个 16 位全比较单元与定时/计数器相比较产生 6 路带死区带宽控制的 PWM 信号。3 个 ECAP（高速脉冲捕捉接口）共用一路 32bit 独立的捕获计数器，可用于电机速度测量、时间间隔测量、脉冲波的周期和占空比测量，当不用在捕获模式时可配置成单通道 PWM 输出，其中 2 个可设置成正交捕获模式，能与正交编码脉冲电路直接连接，以获得转子的位置和速度信息。2 路 eQEP（正交编码脉冲模块）各有 1 个 32bit 的计数器，能和光电编码器直接连接，以获得转子的位置和速度信息。PWM 时基定时器 EPWMTB6 通过调整占空比方式用于两路 DA 模拟输出，工作频率可设置为 40kHz。

2.3.2　IGBT 驱动和保护电路

驱动电路选择与 IGBT 模块配套的瑞士 Concept 公司生产的带变压器隔离的驱动芯片 2SD315AI 为主构成，2SD315AI 是功能强大的 IGBT 驱动元件，内部集成了短路和过流保护电路、欠压监测电路，仅用 15V 电源驱动，开关频率可大于 100kHz，具有高可靠性和使用寿命长等特性。一块 2SD315AI 集成芯片能够作为两只 IGBT 元件的驱动和保护，可驱动 1700V/2400A 的 IGBT。图 2-7 所示为 2SD315AI 驱动一桥臂 IGBT 的原理图。从图 2-7 可以看出，其逻辑控制单元 LDI 和 IGBT 元件之间通过变压器隔离。INA 和 INB 是两路独立的驱动脉冲输入端，当 INA 和 INB 为高电平时，IGBT 元件 VT_1、VT_2 可开通；当 INA 和 INB 为低时，则 VT_1、VT_2 关断；当桥臂发生故障时，前一级脉冲处理逻辑会使 INA 和 INB 同时为低电平，使该桥臂退出运行。SOA 和 SOB 引脚是故障输出状态单元，当 VT_1 发生故障时，SOA 变为高电平；VT_2 发生故障时，SOB 变为高电平，这两个引脚采用集电极开路输出形式，可以很方便地与下一级电路进行连接，G、E 引脚提供了 IGBT 栅极驱动，C 和 R_{th} 引脚则提供了 IGBT 的短路电流保护点设定和故障检测。

图 2-8 所示为 2SD315AI 的应用电路图，通过调整 MOD 脚上的电平，就可以使该芯片工作在半桥模式或直接模式。在直接模式下（将 MOD、RC1 和 RC2 脚都接地，即直接模式），各路驱动桥臂独立工作，可用在已考虑死区时间的 PWM 信号的驱动。

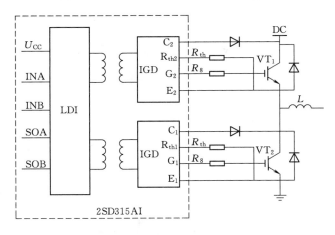

图 2-7 2SD315AI 驱动一桥臂 IGBT 的原理图

在半桥模式下（将 MOD 脚接地，即半桥模式），通过调整与 RC1 和 RC2 相连的 RC 网络的参数可获得所需的死区时间。本系统采用直接模式，HPWMW＋和 HPWMW－为同相两桥臂的驱动脉冲。

图 2-8 中 shortW＋为故障报警信号，其处理电路如图 2-9 所示。当 IGBT 报警时，输出低电平，点亮指示灯，报警信号 shortU＋至 shortW－为低电平，各报警信号经过隔离后，通过总线驱动用来连接指示灯，再合成一路报警信号 IGBTERR，经过光纤发送器 HP1521R 送到控制板的 DSP 中断引脚。再经过 DSP 中断处理后，输出 IGBT 复位低电平信号 VL 到驱动板上的光纤接收器 HP2521R，复位所有 IGBT 驱动模块。

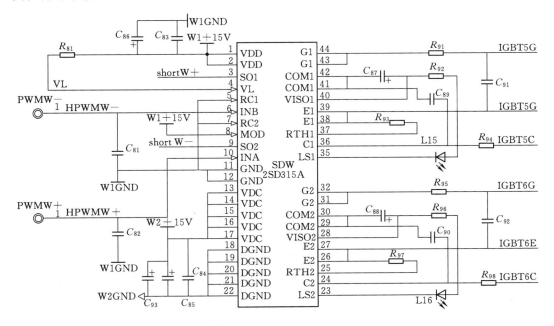

图 2-8 2SD315AI 应用电路

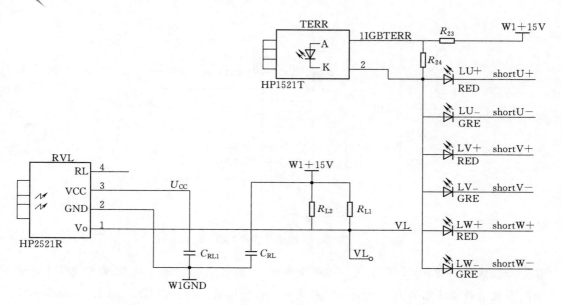

图 2 - 9　IGBT 报警及复位电路

同时如图 2 - 10 中所示，出现故障的一路报警信号 shortV＋将直接硬件封锁该相 HP-WMV＋的驱动脉冲信号。

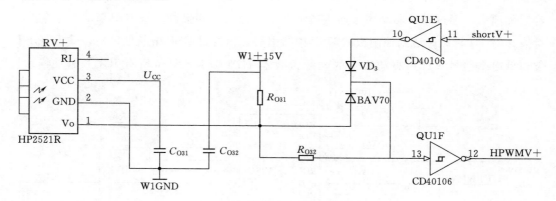

图 2 - 10　IGBT 驱动电路

2.3.3　CAN 通信接口电路

CAN 总线是德国博世公司开发出的面向汽车的网络通信协议，是现场总线的一种，通信介质可以是同轴电缆、双绞线或光导纤维，通信速率达到 1Mbit/s。工作于多主方式，具有通信速率高、容易实现、实时性好、可靠性高、灵活性好等优点。TMS320F2808 集成了 eCAN 控制器，在进行 CAN 总线通信时，数据传输更加灵活方便，数据量更大、可靠性更高、功能更加完备。并联主从变流器间采用 CAN 接口传输控制数据，进行协调控制。eCAN 控制器之间的接口芯片型号选用具有很强的抗干扰能力的 TJA1040，两个差动输出引脚 CANH 和 CANL 与 CAN 总线相连，DSP 输出的信号通过电偶 TLP113 传送到 TJA1040，其 CAN 接口电路如图 2-11 所示。本系统的主控制器和从控制器之间 CAN 通信协议的每个数据段有 4 个字，每个字的功能定义见表 2-1 和表 2-2。

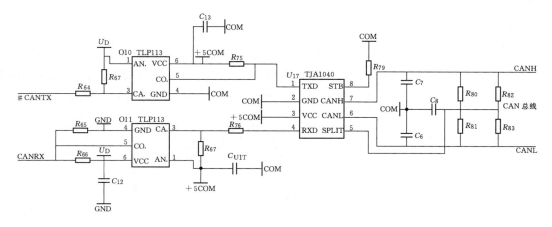

图 2-11　CAN 通信接口电路

表 2-1　　　　　　　　主控制器 CAN 口每个字（Word）发送内容

Word0 （bit15～bit0）	Word1 （bit15～bit0）	Word2 （bit15～bit0）	Word3 （bit15～bit2）	Word3 （bit1～bit0）
实测网侧 α 轴电压	实测网侧 β 轴电压	d 轴给定电流 I_d^*	q 轴给定电流 I_q^*	00—停机；01—启动； 10—故障复位

表 2-2　　　　　　　　从控制器 CAN 口每个字（Word）发送内容

Word0 （bit15～bit0）	Word1 （bit15～bit0）	Word2 （Bit15～bit0）	Word3 （Bit15～bit2）	Word3 （bit1～bit0）
实测电机 d 轴电流	实测电机 q 轴电流	实测母线电压 U_{dc}	功率模块单元温度	00—短路；01—过流； 10—过热；11—过压

2.3.4　光纤接口电路

控制电路发出的 PWM 驱动信号通过光纤传输到变流器驱动电路，以避免驱动电路的强电磁场对控制电路的干扰和影响，同时光纤传能远距离准确、快速地传送。相比光耦器件，其传输的信号容量和距离都要大得多。光纤连接系统采用光发送器和光接收器来实现远距离传送脉冲信号，其工作原理如图 2-12 所示，即发光二极管发送器发出的光搭载着 PWM 信号，通过光纤发给光接收器，然后由光接收器将光信号转换为数字输出信号，从而完成信号的传输过程。整个光纤连接系统主要由光纤发送器、光纤接收器、光纤驱动器和光纤 4 部分组成。

光纤发送器和接收器 HFBR-1521/2521 器件的推荐传送数据率为 1MBd，数据为

图 2-12　光纤传送原理图

TTL 电平，脉宽失真很小，驱动功率小，其应用电路如图 2-13 所示。光纤发送器 HFBR-1521 的 2 引脚 K 端的电压为低电平时输出信号。光纤接收器 HFBR-2521 通过 1 引脚 VO 接收信号。基于光纤发送器和接收器的控制程序的编写非常简单方便。

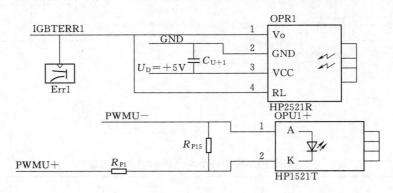

图 2-13　HFBR-1521/2521 应用电路

图 2-13 所示的光纤收发器应用电路中，光纤发送器 HFBR-1521 接收 DSP 发出的 PWM 驱动信号，在 IGBT 驱动电路中，通过光纤接收器 HFBR-2521 将发来的 PWM 驱动信号送到 IGBT 驱动芯片中。图 2-13 所示的光纤接收器 HFBR-2521 将 IGBT 驱动电路中输出的 IGBT 故障信号送到 DSP 中断中进行处理。

2.4　控制系统软件的设计与实现

2.4.1　控制系统软件总体结构设计

本系统的思路是将通过检测得到的转子速度和给定速度进行比较后，经过 PI 调节送到电流环，i_d^*、i_q^* 经过 PI 调节得到电压给定 U_d^*、U_q^*，再经反 Park 变换得到 U_α^*、U_β^*，然后由 SVPWM 模块对直驱永磁风力发电机进行控制。直驱永磁风力发电机变流器控制系统的软件采用模块化设计，整个软件体系总体结构的主程序由初始化主程序和中断控制程序组成，分别如图 2-14 和图 2-15 所示。

2.4.2　SVPWM 算法的 DSP 数字实现

SVPWM 在 DSP TMS320F2808 上的实现步骤如下：

（1）应根据合成向量在各扇区中的等价条件判断合成矢量所在的扇区。定义以下 3

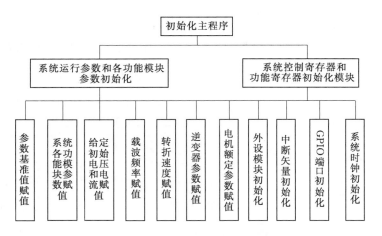

图 2-14 机侧变流器控制系统初始化主程序结构图

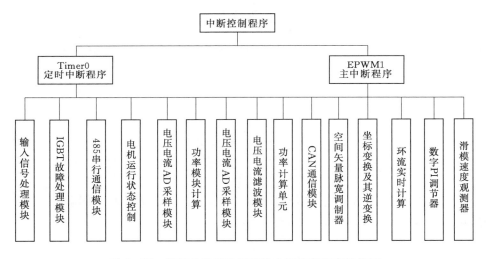

图 2-15 机侧变流器控制系统中断控制程序结构图

个电压参考值

$$u_{\text{ref1}} = u_{\beta\text{ref}}$$

$$u_{\text{ref2}} = \sqrt{3}\, u_{\alpha\text{ref}} - u_{\beta\text{ref}} \qquad (2-18)$$

$$u_{\text{ref3}} = -\sqrt{3}\, u_{\alpha\text{ref}} - u_{\beta\text{ref}}$$

扇区号 $Sector$ 可由以下规则得到：

1）如果 $u_{\text{ref1}} > 0$，则 $A = 1$，否则 $A = 0$。

2）如果 $u_{\text{ref2}} > 0$，则 $B = 1$，否则 $B = 0$。

3）如果 $u_{\text{ref3}} > 0$，则 $C = 1$，否则 $C = 0$。

$$Sector = A + 2B + 4C \qquad (2-19)$$

（2）该扇区内相邻两开关矢量和零矢量作用时间的计算和 DSP 事件管理器的设置。应用变频器的 8 种工作状态调整每个矢量的作用时间，来近似合成期望的定子参考电压。

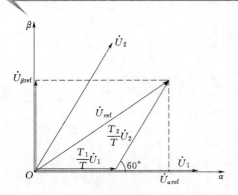

图 2-16　参考电压矢量投影图

如图 2-16 所示，T_1 和 T_2 是基本矢量 $\dot{U}_1$ 和 $\dot{U}_2$ 在一个开关周期中的持续时间，T_0 是 2 个零矢量 $\dot{U}_0$ 和 $\dot{U}_2$ 总的作用时间。T 是一个 PWM 开关周期。参考电压 $\dot{U}_{\text{ref}}$ 位于第三扇区，每个相邻的矢量应用时间为

$$\begin{cases} T = T_1 + T_2 + T_0 \\ \dot{U}_{\text{ref}} = \dfrac{T_2}{T}\dot{U}_2 + \dfrac{T_1}{T}\dot{U}_1 \end{cases} \tag{2-20}$$

T_1 和 T_2 通过简单的三角关系可以得到

$$\begin{cases} \dot{U}_{\beta\text{ref}} = \dfrac{T_2}{T}|\dot{U}_2|\sin 60° \\ \dot{U}_{\alpha\text{ref}} = \dfrac{T_1}{T}|\dot{U}_1| + \dfrac{T_2}{T}|\dot{U}_2|\cos 60° \end{cases} \tag{2-21}$$

电压空间矢量为基本电压矢量时，其模相等均为 $1.5U_{\text{dc}}$（U_{dc} 为直流母线电压）。因此，由式（2-20）和式（2-21）可以求出 T_1、T_2 和 T_0，即

$$\begin{cases} T_1 = \dfrac{(3|\dot{U}_{\alpha\text{ref}}| - \sqrt{3}|\dot{U}_{\beta\text{ref}}|)T}{U_{\text{dc}}} \\ T_2 = \dfrac{\sqrt{3}|\dot{U}_{\beta\text{ref}}|T}{U_{\text{dc}}} \\ T_0 = T - T_1 - T_2 \end{cases} \tag{2-22}$$

同理，可得到合成电压落在其他扇区中各向量的持续时间。在不同扇区，计算导通时间所用的基本电压矢量不同，与其相关的变量为

$$\begin{cases} X = \dfrac{\sqrt{3}|\dot{U}_{\beta\text{ref}}|T}{U_{\text{dc}}} \\ Y = \dfrac{(3|\dot{U}_{\alpha\text{ref}}|/2 + \sqrt{3}|\dot{U}_{\beta\text{ref}}|/2)T}{U_{\text{dc}}} \\ Z = \dfrac{(\sqrt{3}|\dot{U}_{\beta\text{ref}}|/2 - 3|\dot{U}_{\alpha\text{ref}}|/2)T}{U_{\text{dc}}} \end{cases} \tag{2-23}$$

当 $\dot{U}_{\text{ref}}$ 处于第三扇区时，$T_1 = -Z$、$T_2 = X$。当参考电压处于不同的扇区时，T_1 和 T_2 可用同样的方法求得，见表 2-3。

表 2-3　　　　　　　　　各扇区对应的 T_1、T_2 取值表

扇区号	1	2	3	4	5	6
T_1	Z	Y	$-Z$	$-X$	X	$-Y$
T_2	Y	$-X$	X	Z	$-Y$	$-Z$

由以上分析可以看出，空间矢量开关时间决定了产生近似合成矢量所要求的开关

点。如果出现饱和情况，即 $T_1 + T_2 > T$ 时，则 $T_0 < 0$，T_1、T_2 则修正为

$$
\begin{cases}
T_1' = T_1 \dfrac{T}{T_1 + T_2} \\[3mm]
T_2' = T_2 \dfrac{T}{T_1 + T_2}
\end{cases}
\tag{2-24}
$$

最后，考虑到由于并联变流器间环流的影响，需要用电流零序分量调节系数 K_0 对 3 个空间矢量的开关时间进行修正。三个比较寄存器的计算公式为

$$
\begin{cases}
T_{aon} = \dfrac{T - T_1 - T_2 - (T_0 - K_0 T_0)}{2} \\[3mm]
T_{bon} = T_{aon} + \dfrac{T_1}{2} \\[3mm]
T_{con} = T_{bon} + \dfrac{T_2}{2}
\end{cases}
\tag{2-25}
$$

按表 2-4 根据不同的扇区对 DSP 的三个比较寄存器 CMPR1、CMPR2 、CMPR3 进行赋值，以产生正确的 SVPWM 脉冲波形控制直驱永磁风力发电机。

表 2-4　　　　　　　　各扇区相应的导通时间赋值表

扇区号	1	2	3	4	5	6
CMPR1	T_{bon}	T_{bon}	T_{aon}	T_{con}	T_{con}	T_{bon}
CMPR2	T_{aon}	T_{con}	T_{bon}	T_{bon}	T_{aon}	T_{con}
CMPR3	T_{con}	T_{bon}	T_{con}	T_{aon}	T_{bon}	T_{aon}

当风速突变时，数字电流环提供的电压参考矢量很可能超出变流器输出最大电压时的参考信号，为保证合适的空间矢量脉宽调制方案，必须对电压参考信号或变流器输出能力加以约束。利用 DSP 内部集成的 PWM 信号发生电路，还可根据变流器功率管的触发方式和通、断特性，选择产生 6 路具有可编程死区和可变输出极性的 PWM 信号，以确保三相变流器上、下桥臂的功率管不会因同时导通而损坏。可通过设定 DSP 比较控制寄存器 COMCON 的值，使事件管理器中的通用定时器工作于全比较方式，并使 DSP 的全比较控制单元工作于 PWM 模式，以通用定时器 T_1 作为时间基准，将计数器 T1CNT 设定工作于连续的增减模式，在每次 T1CNT 产生下溢中断时启动 SVPWM 程序，实现 SVPWM 算法。

2.4.3 控制程序中断处理

程序中主要设置两个中断：①PWM 周期中断，用于生成 PWM 驱动脉冲，进行风力发电机控制；②CPU Timer0 的 1ms 定时中断，用于管理程序定时控制，主要包括起停控制、与上位机通信、故障信号查询和故障处理。电流电压 AD 转换采用中断的方式进行数据处理，即 AD 转换在完成中断服务程序中将转换值累加，使用时取平

均值即可，在载频比较低的场合，多次采样取平均值的方法以提高采样精度。AD 采样中断具有最高优先级，PWM 中断次之，Timer0 定时器中断最低。DSP 通过 PDPINT 引脚实现中断保护（直流过电压保护、控制电路欠压保护、IGBT 故障信号保护），但是 2808 的故障脉冲封锁机制有所改变，当 TZ 引脚接收到下跳或低电平的故障信号后，会硬件封锁脉冲，且当低电平消失后，封锁信号不会自动复位，因此只需要定时查询 TZ 的故障标志报故障即可，无需中断设置。根据装置功率容量，载频最高定为 5kHz。为了保证精度，在调制时采用 4 段式空间矢量调制方式，即在每个 PWM 计数器的过零和到达周期值时都产生中断，分别计算上升段和下降段的比较值，比较值更准确。但其缺点是每个 PWM 周期产生两次中断，运算量会增加 1 倍，在高载频下会对实时性产生很大影响。

2.4.4　变流系统软件流程图

变流系统的软件部分分为初始化主程序和中断控制程序。系统在每次复位后，首先执行初始化主程序，其流程如图 2-17 所示。系统初始化模块主要完成对系统控制寄存器和功能寄存器的值进行初始化，并对重要的运行参数和变量赋初值。

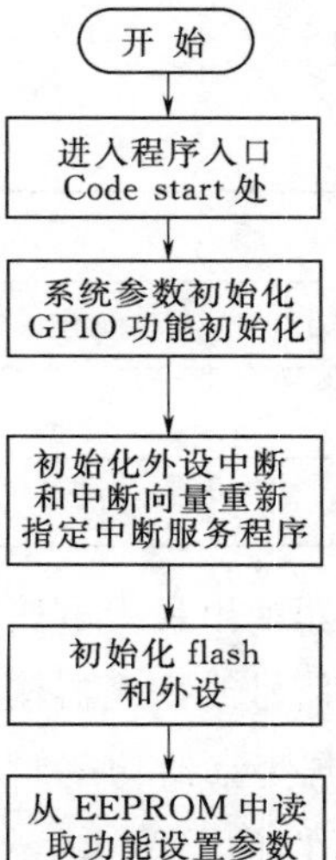

初始化主程序仅在程序开始运行时执行一次。系统初始化完成后，即可将三相电接入主电路，延时 500ms 后，充电继电器动合触头动作，将直流母线限流电阻旁路，然后打开通用定时器中断和 EPWM1 时基定时器中断，进入死循环等待状态。

在 EPWM1 时基定时器周期下溢中断时调用中断控制程序，中断频率为 10kHz，每执行 10 次电流环执行一次速度环，执行无速度传感器程序的主控制器的中断控制程序流程如图 2-18 所示。与主控制器的中断控制程序有所不同，从控制器的中断控制程序如图 2-19 所示。主控制器、从控制器间通过 CAN 总线通信。

通用定时器 Timer0 的 1ms 定时中断用做程序的定时管理和控制，程序流程如图 2-20 所示。在定时中断中，根据上位机的命令对风力发电机进行控制，每隔 1ms 对按键命令进行扫描查询，并对发电系统运行状态进行切换。风力发电系统可以分为待机状态、运行状态、停机状态，还有故障状态。待机状态时驱动脉冲封锁，如果受到启动命令，开放驱动脉冲，进入磁极定位状态，定位完成后进入运行状态；运行状态接受速度指令，进行升降速的控制，接收到停机指令后进入停机过程状态，频率按斜坡给定降到零，然后转入待机状态，封锁脉冲。任何状态时发生故障都进入故障状态，并封锁脉冲，待故障标志被清除后，进入待机状态。也可以设定一些自动复位的条件，允许故障后自动回复到原来的运行状态。RS485 与上位机串行通信也在定时中断中查询完成。

图 2-17　初始化主程序流程图

系统参数初始化GPIO 功能初始化

初始化外设中断和中断向量重新指定中断服务程序

初始化 flash和外设

从 EEPROM 中读取功能设置参数

eCAN 模块初始化、ADC 初始化并启动

开放 AD 中断、PWM 中断

主循环（时实运行参数修改故障和运行标志测试等待中断处理）

进入程序入口Code start 处

开 始

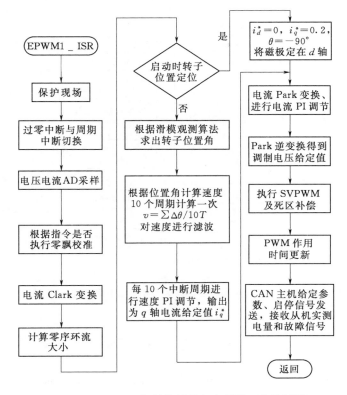

图 2 - 18 EPWM1 中断控制程序流程图（主控制器）

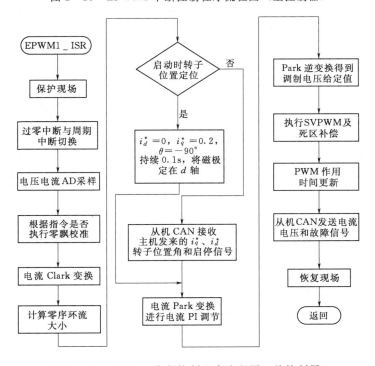

图 2 - 19 EPWM1 中断控制程序流程图（从控制器）

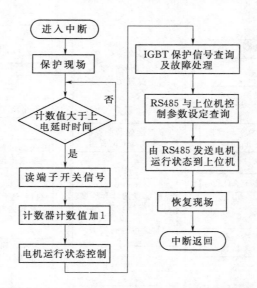

图 2 - 20　机侧变流器定时器 Timer0 中断程序流程图

参 考 文 献

［1］　叶杭冶. 风力发电机组的控制技术［M］. 北京：机械工业出版社，2006.

［2］　邓超. 基于改进型滑模观测器的直驱永磁风电运行控制研究［D］. 长沙：湖南大学，2013.

［3］　易映萍，刘刚，胡四全. 20kW 三电平并网变流器主电路参数的设计［J］. 电力系统保护与控制，2010，38（20）：193－195.

［4］　杨威. 并网型风电机组全功率变流器设计［D］. 长沙：湖南大学，2012.

［5］　邓秋玲. 电网故障下直驱永磁同步风电系统的持续运行与变流控制［D］. 长沙：湖南大学，2012.

［6］　王硕. 大功率直驱风力发电并网变流器研制［D］. 北京：北京交通大学，2011.

［7］　陈瑶. 直驱型风力发电系统全功率并网变流技术的研究［D］. 北京：北京交通大学，2008.

［8］　浦清云. 基于比例谐振控制的直驱风电变流系统研究［D］. 长沙：湖南大学，2012.

［9］　余浩赟. 直驱风力发电机组机侧变流器控制系统设计与实现［D］. 长沙：湖南大学，2009.

［10］　王宝石，谷彩连. 大功率直驱风力发电并网变流器主电路的研究［J］. 电力电子技术，2012，46（1）：4－6.

第3章 直驱永磁风力发电系统
最大功率追踪技术

3.1 风力发电系统最大功率控制策略

3.1.1 最佳直流电流给定控制

最佳直流电流给定控制主电路和控制框图如图 3-1 所示，采用不可控整流可控逆变进行变流。为了得到宽的变速范围，在三相二极管变流器和 IGBT 变流器之间接有升压斩波器，调节输入直流电流以跟踪最优的参考电流，从而跟踪风轮的最大功率点。通过连接在电网的 PWM 变流器调节直流，连接电压将电流送入公共电网。在变流器控制结构中，采用 dq 轴同步参考坐标系，q 轴电流用于控制有功功率，d 轴电流控制无功功率，采用 PLL 检测电网电压相位角用以电机转速的测量。

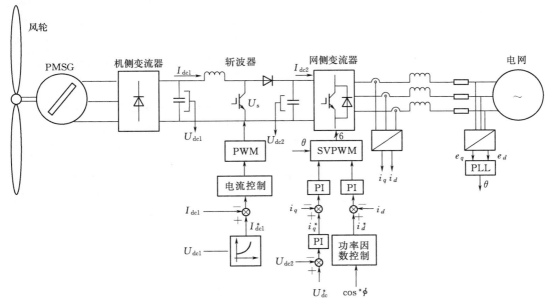

图 3-1 最佳直流电流给定控制主电路和控制框图

U_{dc1}、I_{dc1}—斩波电路输入电压、输入电流；U_{dc2}、I_{dc2}—斩波电路输出电压输出电流；

U_{dc}^*—直流侧电压的参考值；i_d、i_q—变流器电流的 d 轴分量和 q 轴分量；

e_d、e_q—网侧电压的 d 轴分量和 q 轴分量；θ—锁相角；

$\cos^* \phi$—功率因数角的参考值

在图 3-1 所示控制结构中，通过最大输出转矩模型来计算升压变流器的输入电流的参考值，转矩模型由电机速度预先决定。因此，风轮能实现最大功率输出。因为电机转速与恒定励磁的峰值电压成比例，因此可以由二极管变流器滤波后的直流电压值得到发电机转速，当风速变化时，直流电压也发生变化，根据直流电压的变化来控制直流电流，产生不同的转矩从而控制风力发电机的转速满足一定尖速比的要求，使其能跟踪最大功率曲线，其参考电流为

$$I_{dc1}^* = k(U_{dc1} - U_{dc1\_min})^2 + I_{dc1\_min} \qquad (3-1)$$

式中　U_{dc1}、U_{dc1_min}——斩波电路输入电压值及其最小值；

　　　　I_{dc1_min}——斩波电路输入电流的最小值；

　　　　I_{dc1}^*——直流侧电流的参考值。

通过式（3-1）计算得到比例增益 k 为

$$k = \frac{I_{dc1\_max} - I_{dc1\_min}}{(U_{dc1\_max} - U_{dc1\_min})^2} \qquad (3-2)$$

式中　U_{dc1_max}、I_{dc1_max}——斩波电路输入电压的最大值和输入电流的最大值。

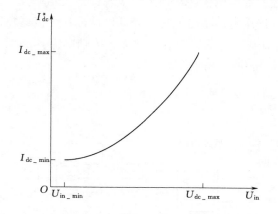

图 3-2　最大输出功率的电流（转矩）参考模型

I_{dc_min}、I_{dc_max}——直流侧电流的最小值和最大值；

U_{dc_max}——直流侧电压的最大值；I_{dc}^*——直流侧电流的参考值；

U_{in_min}——风力机的最小输出电压

k 在投入运行期间是可调的，这种模型决定了电机的特征负载曲线。假如风速增加，由于负载转矩不等于电机转矩，风轮速度将增加，最后达到特征曲线新的平衡点上，此时负载转矩等于电机转矩。图 3-2 所示为满足最大输出功率的电流（转矩）参考模型。

该控制方案的最大功率控制由升压斩波器的通断时间决定，而变流器部分主要负责并网电压和频率波形控制。图 3-3 所示为升压斩波器的电路和控制结构图，该升压斩波器在连续电流模式下的电压方程为

$$L \frac{dI_{dc1}}{dt} = U_{dc1} - U_s = U_{dc1} - (1-\alpha)U_{dc1} \qquad (3-3)$$

因此有

$$I_{dc1} = \frac{1}{L_{dc}} \int [U_{dc1} - (1-\alpha)U_{dc1}]dt \qquad (3-4)$$

在升压斩波器直接电流控制结构中带有电压前馈补偿器，能快速响应电流的变化，具有良好的跟踪效果。

并网连接 PWM 变流器控制与双 PWM 结构中的控制类似，采用矢量控制技术，保持了中间直流环节电压的稳定，往电网输送无功功率，并能满足电网对于无功的要求。

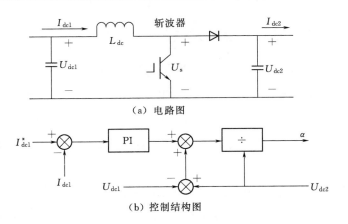

（a）电路图

（b）控制结构图

图 3-3 升压斩波器的电路和控制结构图

U_s—平均开关电压；α—占空比；L_{dc}—升压斩波器电感

PWM 变流器的电压方程为

$$\begin{cases} \dfrac{\mathrm{d}i_d}{\mathrm{d}t} = \omega i_q - \dfrac{1}{L_i}u_d \\[2mm] \dfrac{\mathrm{d}i_q}{\mathrm{d}t} = \omega i_d - \dfrac{1}{L_i}(e_q - u_q) \\[2mm] \dfrac{C_{dc}\mathrm{d}U_{dc}^2}{2\mathrm{d}t} = P_{in} - P_{out} \end{cases} \tag{3-5}$$

式中　C_{dc}——并网逆变器直流母线电容；

　　　L_i——输出滤波电感；

　　　P_{in}——机侧输入功率；

　　　P_{out}——网侧输出功率；

　u_d、u_q——网侧变流器输出电压的 d 轴分量和 q 轴分量。

　　根据式（3-5）建立如图 3-4 所示的变流器控制结构框图。直流电压控制器保持直流连接环节的功率平衡，这使得有功功率能送入电网，电流内环控制器工作在同步参考结构并带适宜的反电动势补偿，因而具有快速响应能力。同时，根据 d 轴电流指令可以实现无功功率的控制。

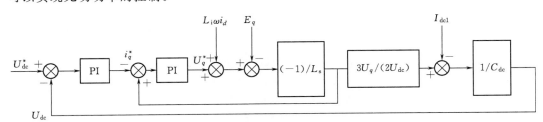

图 3-4 变流器控制结构框图

U_{dc}、U_{dc}^*—直流侧电压及其参考值；i_q^*、U_q^*—变流器电压、电流的 q 轴分量参考值；

U_q—变流器电压的 q 轴分量；E_q—网侧电压的 q 轴分量

3.1.2　基于双 PWM 最佳转速给定控制

采用爬山算法计算最优的速度 ω^*，然后与实际电机速度相比较，其结果通过比例积分控制器得到有功电流参考值 i_q^*；无功电流参考值 $i_d^* = 0$，则发电机转矩为 $T_e = 1.5p\psi_f i_q$，即发电机电磁转矩与有功电流成正比，可以通过调节 i_q 来控制发电机转矩，从而改变发电机转速，跟踪最优的 ω^*。此时发电机重新达到稳定，发电机电磁转矩等于风力发电机机械转矩。

对于机侧变流器，在同步旋转 (d, q) 坐标系中采取电流矢量解耦控制，从而可以独立控制有功电流和无功电流，实现无静差控制。最佳转速控制结构如图 3－5 所示，采用速度外环、电流内环的双环控制方式。首先检测发电机三相电流 (i_u, i_v, i_w) 对其进行旋转坐标变换得 (i_d, i_q)。其中，θ_g 为永磁风力发电机位置角，一般采用 PLL 检测电压相位角获得。

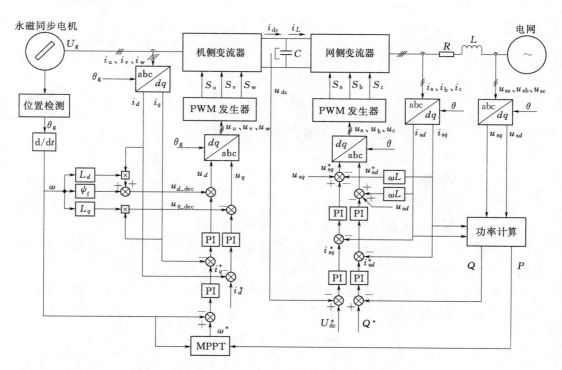

图 3－5　最佳转速给定控制结构

S_u、S_v、S_w、S_a、S_b、S_c—开关量；u_{sd}、u_{sq}、u_{sd}^*、u_{sq}^*—网侧电压的 d 轴分量、q 轴分量以及它们的参考值；i_{sd}、i_{sq}、i_{sd}^*、i_{sq}^*—网侧电流的 d 轴分量、q 轴分量以及它们的参考值；u_a、u_b、u_c、i_a、i_b、i_c—逆变器的输出电压指令和输出电流指令；i_d、i_q、i_d^*、i_q^*—机侧电流的 d 轴分量和 q 轴分量以及它们的参考值；u_d、u_q—机侧电压的 d 轴分量和 q 轴分量；u_u、u_v、u_w、i_u、i_v、i_w—发电机的三相电压和三相电流；P、Q、P^*、Q^*—电网的有功功率、无功功率以及它们的参考值；L_d、L_q—定子 d 轴电感和 q 轴电感；ψ_f—永磁体励磁磁链（为常数）；ω^*—电机电气最优角速度；θ—网侧锁相角；L、R—网侧的电感、电阻

$$\begin{bmatrix} i_q \\ i_d \end{bmatrix} = \frac{2}{3} \begin{bmatrix} \cos\theta_g & \cos(\theta_g - 120°) & \cos(\theta_g + 120°) \\ \sin\theta_g & \sin(\theta_g - 120°) & \sin(\theta_g + 120°) \end{bmatrix} \begin{bmatrix} i_u \\ i_v \\ i_w \end{bmatrix} \qquad (3-6)$$

根据电机学基本知识可知，在旋转坐标轴的永磁风力发电机数学模型为

$$\begin{cases} u_d = R_s i_d - \omega\psi_q + \psi_d \\ u_q = R_s i_q + \omega\psi_d + \psi_q \\ \psi_d = L_d i_d + \psi_f \\ \psi_q = L_q i_q \end{cases} \qquad (3-7)$$

式中 u_d、u_q——d、q 轴电压；

$\quad\quad i_d$、i_q——d、q 轴电流；

$\quad\quad L_d$——定子直轴电感；

$\quad\quad L_q$——交轴电感；

$\quad\quad \psi_f$——永磁体励磁磁链（为常数）；

$\quad\quad \psi_d$、ψ_q——d、q 轴磁链；

$\quad\quad \omega$——电机电气角速度；

$\quad\quad R_s$——定子相电阻。

从式（3-7）可看出，d、q 轴坐标系的状态变量 u_d 和 u_q 存在着耦合关系，即不仅依赖于 d、q 轴磁链，而且也与 i_d 有关系，这给控制器的设计带来了很大的困难。因此需要通过解耦控制实现精确的线性化控制。假设参数已知，则令

$$\begin{cases} u_{d-\text{dec}} = \omega\psi_q = \omega L_q i_q \\ u_{q-\text{dec}} = \omega\psi_d = \omega L_d i_d + \omega\psi_f \end{cases} \qquad (3-8)$$

对于永磁风力发电机，不需要提供励磁电流，定子电流只产生转矩，因此 d 轴电流设置为 0。电机侧控制 i_d 为零，从而在最小电流的情况下得到最大的电磁转矩。电流环采用比例积分调节器，根据解耦控制，得到所要调制的电压 u_d^*、u_q^*，即

$$u_q^* = u_{q-\text{dec}} + (i_q^* - i_q)\left(K_{iP} + \frac{K_{iI}}{s}\right) \qquad (3-9)$$

$$u_d^* = u_{d-\text{dec}} + (i_d^* - i_d)\left(K_{iP} + \frac{K_{iI}}{s}\right) \qquad (3-10)$$

式中 K_{iP}、K_{iI}——比例积分调节器的比例系数和积分系数。

u_d^*、u_q^* 再经过旋转反变换，即可得到三相 PWM 调制信号波 u_u^*、u_v^*、u_w^*，即

$$\begin{bmatrix} u_u^* \\ u_v^* \\ u_w^* \end{bmatrix} = \begin{bmatrix} \cos\theta_g & \sin\theta_g \\ \cos(\theta_g - 120°) & \sin(\theta_g - 120°) \\ \cos(\theta_g + 120°) & \sin(\theta_g + 120°) \end{bmatrix} \begin{bmatrix} u_q^* \\ u_d^* \end{bmatrix} \qquad (3-11)$$

最后采用 SPWM 调制法对三相参考电压矢量其进行调制，即信号波与三角载波进行比较，从而通过开关信号 S_u、S_v、S_w 控制 IGBT 的开通与关断。采用旋转坐标系的好处在于可以实现对电流的无静差控制，具有更好的静态性能。由于具有电流闭环控

制，使电机侧电流的动静态性能得到了提高，同时使电机侧电流的控制对系统参数不敏感，从而增强了电流控制系统的鲁棒性。

在网侧变流器中，将两相旋转坐标系 dq 中 q 轴与电网电动势矢量 U_s 同轴，q 轴方向的电流定义为有功电流，而比矢量 U_s 滞后 $90°$ 相角的 d 轴方向的电流定义为无功电流，θ 为矢量 U_s 的位置角。变流器在 dq 轴坐标系下的数学模型为

$$u_{dc}S_q - u_{sq} = L\frac{\mathrm{d}i_q}{\mathrm{d}t} + Ri_q + \omega Li_d \qquad (3-12)$$

$$u_{dc}S_d - u_{sd} = L\frac{\mathrm{d}i_d}{\mathrm{d}t} + Ri_d - \omega Li_q \qquad (3-13)$$

$$C\frac{\mathrm{d}u_{dc}}{\mathrm{d}t} = i_{dc} - \frac{3}{2}(i_qS_q + i_dS_d) \qquad (3-14)$$

变流器控制结构框图 3-5 所示，直流环节与电网之间的变流器实际上同电机侧一样，是一个电压源 PWM 变流器，它工作在逆变状态，因此电流从电网电压的正极流向负极，电网吸收功率。其中给定直流电压 u_{dc}^* 与实际检测到的直流连接环电压 u_{dc} 相比较，所得误差信号经比例积分控制器调节产生有功参考电流 i_{sd}^*，而无功功率外环产生无功电流 i_{sq}^*。控制电压环控制直流电压稳定，可以使变流器稳定地向电网传输功率，而无功功率环控制变流器输出无功功率，从而满足电网对于无功功率的要求。检测三相电网电压 （u_a、u_b、u_c）和三相电网电流 （i_a、i_b、i_c），通过锁相环 PLL 检测电网电压位置角 θ，根据电网电压位置角对其进行旋转变换，分别得到 （u_{sq}，u_{sd}）和 （i_{sq}，i_{sd}），输送到电网的有功功率 P 和无功功率 Q 为

$$P = u_{sq}i_{sq} + u_{sd}i_{sd} \qquad (3-15)$$
$$Q = u_{sq}i_{sd} - u_{sd}i_{sq} \qquad (3-16)$$

电流内环采用基于旋转坐标轴的解耦控制，采用比例积分调节器作为电流环的控制器。其解耦算式为

$$u_{sq}^* = (i_q^* - i_q)\left(K_{ip} + \frac{K_{iI}}{s}\right) + \omega Li_d + u_{sq} \qquad (3-17)$$

$$u_{sd}^* = (i_d^* - i_d)\left(K_{ip} + \frac{K_{iI}}{s}\right) + \omega Li_q + u_{sd} \qquad (3-18)$$

所得的 u_{sq}^*、u_{sd}^* 经过旋转反变换，即得到所需的 PWM 调制信号 u_a^*、u_b^*、u_c^*。

3.1.3　最佳功率给定控制

最佳功率给定控制网侧变流器采用 PQ 解耦控制，通过给定最佳功率控制系统实现最大功率追踪，如图 3-6 所示。

由爬山算法计算的最大功率与网侧有功功率比较，通过比例积分调节器得出参考有功电流 I_q^*，从而对变流器进行控制。当实际的发电机输出功率与风力机获取功率不相等时，其风力机输出机械转矩与发电机的电磁转矩必然不平衡，从而转速发生变化，直到发电机实际输出功率与最优功率达到平衡为止，从而保持 $C_p(\lambda)$ 的值为最大。最佳功率给定控制过程简单，如果已知最大功率曲线，则跟踪随机变化风速的响应周期将大

大缩短。然而在实际运用过程中，功率曲线需要进行计算和试验来测得，从而增加功率控制的难度和实际应用的成本。为了得到最大功率控制指令，必须通过爬山算法计算最佳功率指令，边计算边运用，渐渐完善最大功率曲线。

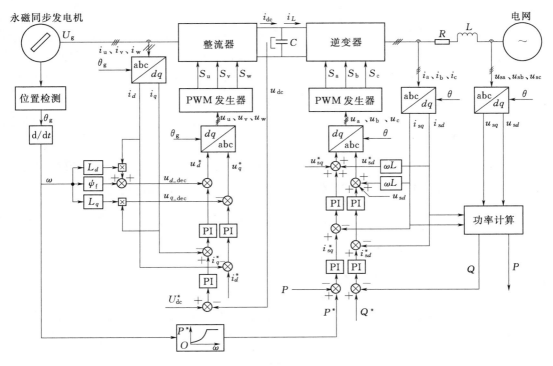

图 3-6　最佳功率给定控制

3.2　新型爬山算法及其控制策略

3.2.1　爬山算法进化

3.2.1.1　固定步长爬山算法

传统爬山算法采用固定步长寻优，工程中当风速或转速发生变化时都会引起系统输出功率的变化。设第 k 次采样时，功率变化量为 ΔP，转速变化量为 $\Delta \omega$，则转速调节器的指令信号变化方向判别见表 3-1。

表 3-1　　　　　　　　　转速调节器的指令信号变化方向判别表

判断条件	$\Delta P_k > 0$	$\Delta P_k < 0$
$\Delta\omega(k-1)=0$	$\Delta\omega(k)>0$	$\Delta\omega(k)<0$
$\Delta\omega(k-1)>0$	$\Delta\omega(k)>0$	$\Delta\omega(k)<0$
$\Delta\omega(k-1)<0$	$\Delta\omega(k)<0$	$\Delta\omega(k)>0$

如果功率采样和最大风能捕获算法的时间与速度调节器的周期相当，将会得到有关功率变化量 ΔP 的错误信息，导致由于发电机转矩的波动而使系统在工作点发生振荡。因此功率采样和风能捕获算法的周期应该大于速度环的周期。本系统中功率采样和风能捕获算法的运行周期是速度环调节周期的 4 倍。

对于风力发电机来说，上述固定步长 MPPT 控制方法有许多缺点：固定转速扰动导致了风轮转速较大的波动，并且对快速变化的风速追踪速度较慢；由变流器的死区导致的转矩脉动，在 MPPT 的控制中影响对风轮功率的观测和比较；固定转速扰动产生的阶梯变化的风轮转速指令值使得风轮的转速不平稳。

3.2.1.2　变步长爬山算法

变步长爬山算法在传统爬山算法的基础上对步长进行改进，采用变步长的转速扰动值。具体而言就是在风速变化快的时候，$\Delta\omega$ 要适当加大。风轮转速扰动为

$$\Delta\omega = K_{\mathrm{MPPT}}\frac{\mathrm{d}P_{\mathrm{out}}}{\mathrm{d}\omega} \tag{3-19}$$

式中　K_{MPPT}——调整风力机转速扰动的系数；

　　　P_{out}——风力机的输出功率；

　　　ω——风力机的转速。

K_{MPPT} 可由试验确定，以获得稳定的风轮最大功率点跟踪控制。离最佳工作点越远，$\mathrm{d}P_{\mathrm{out}}/\mathrm{d}\omega$ 越大，从而使风力机最大功率点的追踪更快，当到达极值点时，$\mathrm{d}P_{\mathrm{out}}/\mathrm{d}\omega$ 趋近于 0，使得风轮在稳定风速下有较平稳的转速。

适当地设定转速扰动的下限值 $\Delta\omega_{\min}$，以免计算功率斜率时产生溢出。这样，计算出的风轮扰动值将被限制在其上限值和下限制值之间，在每一个 MPPT 控制周期，都有一个风轮转速的扰动值使风轮的转速发生变化，这样相隔的两个控制周期中风轮的转速不会完全相同，因此可保证风轮功率变化斜率计算的有效性（即分母不会趋于零），只是变转速扰动的 MPPT 控制，在风速快速变化时，可以得到较大的转速扰动，从而使风轮最大功率点的追踪更快；在风速变化较小或风速不变时，可以得到较小的转速扰动，使得风力机在稳定风速下有较平稳的转速。

对于变步长的 MPPT 控制，算法产生的阶梯变化的转速指令使风轮的转速产生剧烈的波动。为了得到快速的 MPPT 控制，要使用相对较大的转速扰动值，即使用较大的控制系数 K_{MPPT}，此时风轮的转速不能稳定。为了使 MPPT 控制平稳，在 MPPT 控制器的输出端用一个低通滤波器来平滑转速指令，滤波器的截止频率比转速控制环的频带稍低一些。在数字控制中，此低通滤波器可以用一阶差分方程来实现。此低通滤波器的作用就是使风轮最大功率点追踪控制既快速又平稳。

然而大惯性的风轮输出功率受风轮机械功率和所储的机械势能的变化率的交叉影响，采用传统爬山算法或是变步长爬山算法搜寻最大功率忽视了电机转速与最大功率的对应关系，对相同的问题需要重新求解，降低了响应速度。

3.2.1.3 智能爬山算法

虽然采用爬山算法可以不断地搜索风力机输出功率的峰值，但在大型风力发电系统中，当爬山算法正在搜索某风速下的最大功率时，风速有可能又发生了变化，造成控制算法精度变差。

为了使爬山算法适用于不同等级风轮惯量值的风力发电系统，下面介绍一种先进的智能爬山算法，其原理如图 3-7 所示。

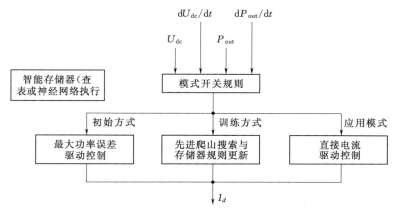

图 3-7　智能爬山算法原理图

I_d—机侧电流的 d 轴分量；P_{out}—风轮输出功率；U_{dc}—直流母线电压

智能爬山算法采用直接电流驱动控制方法，把智能爬山算法和直接电流驱动控制方法结合在一起，形成了完整的"搜索→记忆→重新使用"的智能最大风能俘获算法。这个算法背后的原则是"搜索→记忆→重新使用"的过程。算法首先根据直流母线电压 U_{dc} 和风轮输出功率 P_{out} 选择合适的模式开关规则，然后根据最大功率误差驱动控制方法进行初始化，从一个空的智能存储器开始运行，初始性能相对较低。运行期间，通过智能爬山算法进行搜索，并使用搜索到的数据逐渐地训练智能存储器，不断记录训练经验。算法会在应用模式中将记录的数据用于快速执行直接电流驱动控制，这个"搜索→记忆→重新使用"将不断自我重复直到建立一个精确的系统特性记忆。因此，在算法得到足够的训练后，它的功率俘获性能将被最优化。

3.2.2　基于最佳直流控制的爬山算法

3.2.2.1　扰动原理及计算

传统变步长爬山算法旨在对转速进行扰动以寻找最佳转速，然后通过转速外环控制系统追踪最佳转速指令输出最大功率。与传统爬山算法控制策略不同，该爬山算法采用最佳直流电流控制，调节输入升压斩波器的直流电流以跟从最优的参考电流从而跟踪风力机的最大功率点。电流扰动方向判别见表 3-2。

表 3 - 2 扰 动 方 向 判 别

ΔP_{out}	$\Delta\left(U_{\text{dc}}\dfrac{\mathrm{d}U_{\text{dc}}}{\mathrm{d}t}\right)$	ΔP_{in}	ΔI	ΔP_{out}	$\Delta\left(U_{\text{dc}}\dfrac{\mathrm{d}U_{\text{dc}}}{\mathrm{d}t}\right)$	ΔP_{in}	ΔI
$\geqslant 0$	$\geqslant 0$	$\geqslant 0$	同向	>0	<0	未知	$=0$
$\leqslant 0$	$\leqslant 0$	$\leqslant 0$	反向	<0	>0	未知	$=0$

注：ΔP_{in}—风轮的输入功率变化量；ΔI—风轮的输出电流变化量；ΔP_{out}—风轮的输出功率变化量；ΔU_{dc}—直流侧电压的变化量。

忽略风力机的转子摩擦因数，风轮的运动方程可表示为

$$P_{\text{in}} = P_{\text{load}} + J\omega\,\frac{\mathrm{d}\omega}{\mathrm{d}t} = \frac{P_{\text{out}}}{\mathrm{d}t} + J\omega\,\frac{\mathrm{d}\omega}{\mathrm{d}t} \tag{3-20}$$

式中 P_{in}——风轮输入功率；

     P_{load}——风轮负载功率；

     P_{out}——风轮输出功率；

     J——转动惯量。

直驱永磁风力发电机升压斩波控制系统中直流电压与转速的关系可表示为

$$U_{\text{dc}} = k(I_{\text{g}}, I_{\text{f}})\omega \tag{3-21}$$

式中 I_{g}——负载电流；

     I_{f}——励磁电流。

如果采样时间非常短，在一个采样周期内可认为 $k(I_{\text{g}}, I_{\text{f}}) = K$ ，K 为常数，于是将 $\omega = U_{\text{dc}}/K$ 代入式（3-21）可得

$$\frac{\mathrm{d}P_{\text{in}}}{\mathrm{d}t} = \frac{1}{\eta}\,\frac{\mathrm{d}P_{\text{out}}}{\mathrm{d}t} + JK^2\,\frac{\mathrm{d}}{\mathrm{d}t}\left(U_{\text{dc}}\,\frac{\mathrm{d}U_{\text{dc}}}{\mathrm{d}t}\right) \tag{3-22}$$

式中 η——风轮的效率。

为了便于控制 P_{in}，式（3-22）可改写成

$$\Delta P_{\text{in}} = \frac{1}{\eta}\Delta P_{\text{out}} + JK^2\Delta\left(U_{\text{dc}}\,\frac{\mathrm{d}U_{\text{dc}}}{\mathrm{d}t}\right) \tag{3-23}$$

其中增量的计算为

$$\begin{cases} \Delta P_{\text{out}} = P_{\text{out}}(n+1) - P_{\text{out}}(n) \\[2mm] \Delta\left(U_{\text{dc}}\,\dfrac{\mathrm{d}U_{\text{dc}}}{\mathrm{d}t}\right) = U_{\text{dc}}\,\dfrac{\mathrm{d}U_{\text{dc}}}{\mathrm{d}t}(n+1) - U_{\text{dc}}\,\dfrac{\mathrm{d}U_{\text{dc}}}{\mathrm{d}t}(n) \\[2mm] \dfrac{\mathrm{d}U_{\text{dc}}}{\mathrm{d}t}(n) = \dfrac{U_{\text{dc}}(n) - U_{\text{dc}}(n-1)}{t(n) - t(n-1)} \end{cases} \tag{3-24}$$

3.2.2.2 算法流程图

为了避免盲目的爬山搜索以快速地响应变化的风速，必须对风速变化引起的最大功率变化进行预见，根据以往的经验给出电流指令。

具体而言就是对爬山算法的结果加以利用，找到直流电压与最佳指令电流的对应关系，以便直接利用指令电流进行最大功率控制，图 3-8 所示为添加了数据储存与查表的新型爬山算法流程。经过一段时间的搜索，最大功率表工作初步形成。表 3-3 为对额定功率为 10kW 风电系统仿真形成的最大功率工作表的一部分。

本节讨论的是额定风速下的最大功率跟踪，在高于额定风速时，直流电压和最佳电流的关系不符合本书讨论的规律。此外为了方便查表和储存数据，可以对电压进行取整，额定风速下直流电压在一定范围内变动，因而表中数据有限，大大加快了响应速度。

首先，对直流电压取整，取 $U_n = [U_{dc}]$；然后，查最大功率工作表，判断是否存在对应的最佳直流电流，如果该电压有对应的最佳直流电流，此时直流电流比最佳直流大，则判断为该电流趋于稳定没

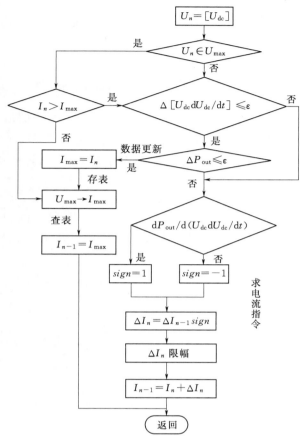

图 3-8　新型爬山算法流程
U_{max}—电压最大值；I_{max}—电流最大值；I_n—当前时刻的电流；
I_{n-1}—上一个时刻的电流；ΔI_n—当前时刻的电流变化量；
ΔI_{n-1}—上一个时刻的电流变化量

有上升空间。对于电压电流都处于稳定状态的情况，则认定为是最新的最大记录从而更新最大功率工作表，并输出最佳直流电流，否则仍需进行爬山算法以求最佳值。当查表没有对应的最佳直流电流时，同样要进行稳定判断，如果已无上升空间则认定为是一组新记录，并添加到最大功率工作表，否则进行爬山搜索求最大值。

表 3-3		最大功率工作表	（额定功率 10kW）		
U_{dc}/V	P_{out}/W	I_{dc}/A	U_{dc}/V	P_{out}/W	I_{dc}/A
80	47.2	70	230	1106.8	49.4
96	56.9	65.5	370	5164.9	32.6
102	61.5	60.8	408	7564.4	45.8
130	257.3	57.9	450	9874.6	64.7
169	431.7	50.6			

典型的爬山算法如图 3-8 所示，通过计算负载功率 P_{out} 与 $U_{\text{dc}}\dfrac{\mathrm{d}U_{\text{dc}}}{\mathrm{d}t}$ 的斜率来改变扰动方向，输出参考直流电流。

3.2.2.3 最佳直流电流爬山算法控制方案

最佳电流爬山算法控制采用 3.1.1 节所述的最佳直流电流给定的最大功率控制方案，其控制框图如图 3-9 所示，算法已由 S 函数编译为最大功率捕捉 MPPT 模块，斩波器和变流器也根据数学模型编译为 $f(n)$ 函数形成封装模块。

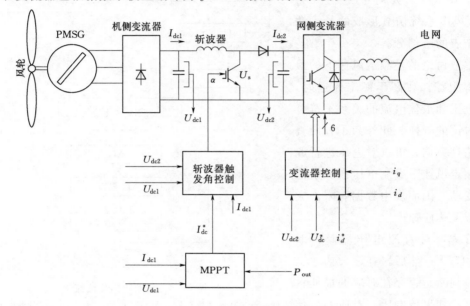

图 3-9 最佳直流爬山算法控制框图

3.2.3 基于最大功率给定的爬山算法

3.2.3.1 功率扰动原理及计算

假设当前风速为 4m/s，当风轮在图 3-10 的 A 点（最大功率点 C 左边）稳定工作时，由式（3-20）可知，只有当 $P_{\text{in}} > P_{\text{load}}$ 时才能使系统加速向最大功率点 C 逼近。同理，当风轮工作在 B 点（C 点右边），只有当 $P_{\text{in}} < P_{\text{load}}$ 时才能使系统加速向点 C 逼近。由此可见，功率指令的变化方向需与斜率方向相反。功率指令的扰动计算步骤与转速扰动计算类似，即

$$\Delta P = -K_{\text{p}}\frac{\mathrm{d}P_{\text{T}}}{\mathrm{d}\omega_{\text{T}}} \tag{3-25}$$

式中 K_{p}——调节扰动大小的系数。

离最佳工作点越远，$\mathrm{d}P_{\text{in}}/\mathrm{d}\omega$ 越大，当到达极值点时，$\mathrm{d}P_{\text{in}}/\mathrm{d}\omega$ 趋近于 0，此时扰动对

功率的影响几乎可以忽略，减小了直流侧电压振荡。

当风速变化时，根据功率曲线，风速变化越大，$dP_{in}/d\omega$ 也会越大。值得注意的是，与转速扰动不同，功率扰动的方向并不代表实际功率的变化方向，编程必须采用两次采样的实际功率的斜率，否则会引起误判断。

3.2.3.2 最佳功率爬山算法流程

为了进一步加快响应速度，避免盲目的搜索以应对快速变化的风速，在爬山算法里增加数据存储和输出功能，构造最大功率工作表，逼近实际的最大功率曲线。功率爬山算法流程如图 3-11 所示。

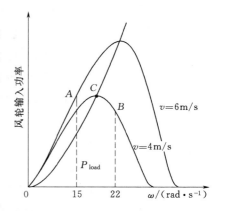

图 3-10 功率爬山算法原理

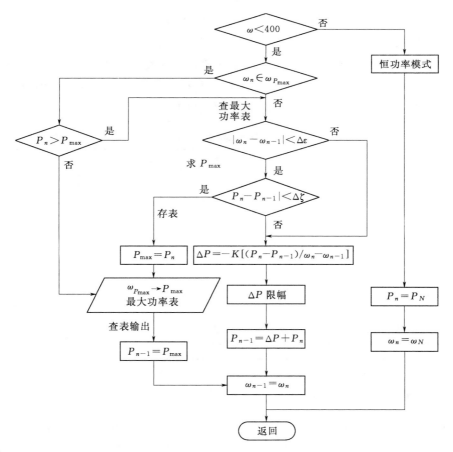

图 3-11 功率爬山算法流程

ω_n、ω_{n-1}—当前时刻和上一个时刻的风轮转速；$\omega_{P_{max}}$—最大功率表中最大功率所对应的转速；

P_{max}—风轮最大功率；P_n、P_{n-1}—当前时刻和上一个时刻的风轮功率；

P_N—风轮的额定功率

为了方便数据储存与比较，先对风力机转速以 0.1rad/s 为最小单元进行取整，如风力机转速为 15.15rad/s，则转速的量化数值为 151（转速表的最小刻度为 0.1rad/s，能满足低速直驱永磁风力发电机的精度要求）。由于直驱永磁发电机在额定风速下运行时转速一般不会超过 40rad/s，即转速数值不超过 400，转速大于此则应对其进行变桨距控制进入恒功率模式，因而最大功率工作表中的数值也是有限的，大大加快了查表速度。

当最大功率工作表中有该转速的最大功率时，比较此刻的功率与所记录的最大功率的大小：$P_n < P_{max}$ 时，查表输出最大功率；$P_n > P_{max}$ 时，进行右侧的爬山算法求功率指令 P_{load}。当最大功率工作表中没有该转速的记录时，判断是否 $dP_{in}/d\omega = 0$。当 $dP_{in}/d\omega = 0$ 时，认定此刻为最大功率，为最大功率工作表增添一组新数据，并输出最大功率指令；当斜率 $dP_{in}/d\omega \neq 0$ 时，需要计算斜率求，功率指令 P_{load}^*，然后返回再次计算功率指令。

不断对风速进行扰动，随着时间的推移，最终形成一组 $\omega - P_{max}$ 可供执行的工作表，覆盖额定风速下的最佳转速与最大功率，表 3-4 为截取工作表一部分。当检测到电机转速属于工作表中时，不需要再进行爬山算法，而直接以 P_{max} 作为 P_{load} 指令结合最大功率反馈控制来实现最大风能捕获。经过对算法的优化后，针对随机变化的风速有了完整的应对方案，因而能立即响应快速变化的风速。

表 3-4　　　　　　　　　　部 分 最 大 功 率 工 作 表

$\omega/(0.1\text{rad} \cdot \text{s}^{-1})$	P/kW	$\omega/(0.1\text{rad} \cdot \text{s}^{-1})$	P/kW
50	0.027	109	0.245
60	0.045	123	0.416
70	0.072	127	0.457
100	0.216	209	1.715
101	0.224	216	1.830
104	0.231	225	1.960
106	0.237		

3.2.3.3　功率爬山算法控制方案

功率爬山算法结合最大功率给定控制体现了功率爬山算法的优势，由算法计算的指令功率通过功率外环控制进行最大功率追踪。系统采用双 PWM 功率解耦控制，如图 3-12 所示。

机侧变流器外环采用电压闭环 PI 控制，其作用是调节定子电流 q 轴分量的给定；内环分别实现 d 轴、q 轴电流的闭环控制，按照单位功率因数设定 d 轴电流。网侧变

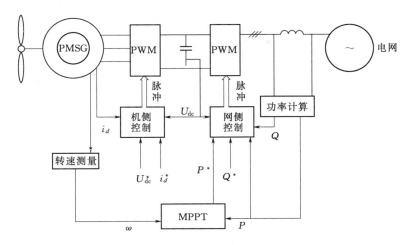

图 3-12 功率爬山算法系统控制

流器采用功率解耦控制，以便利用优化算法计算的功率指令进行最大功率控制。外环为功率闭环控制，有功功率指令由 ω 和 P 经过本节所述的改进 MPPT 算法求出，无功功率可根据需要给定；内环分别实现 d 轴、q 轴电流的闭环控制。

3.3 直驱永磁风电机组的控制

3.3.1 风电机组主体结构

完整的风电机组总体控制如图 3-13 所示。风电机组的最大功率捕捉除依赖于变流器的控制外，与变桨距控制也是分不开的。变桨距控制主要用于风速高于额定风速的场合，此外变流器和发电机的保护与整个系统的正常运行也无法分开。

风轮主控制系统不断地与外围控制元件（比如偏航控制和桨距控制系统）保持联系，它的总功能就是调节单独的系统参数来保证风轮在所有的天气状况下都能稳定运行在最优的状态，从而得到最大的发电量。它不断地从风传感器中获取测量数据再进行评估，从而对机舱进行自适应偏航控制，使风轮能正对着风吹来的方向从而获取更大的风能。在不同的风速下对变流器进行变速控制，从而使风轮效率最优，排除不需要的输出尖峰和高的运行负载。采用变桨距控制，设置理想的转子叶轮桨距角从而保证最大的能量输出和在过大风速下降低整个风电机组的负载。在发生供电故障或其他紧急状况时进行刹车控制，从而在极端情况下能保证风力机的可靠性。通过震动和加速度传感器检查塔架的偏移从而监测塔架和发电机。在转子和定子间安装温度和空气间隙传感器从而保证环型发电机的可靠运行。

3.3.2 变桨距控制

风轮在启动前，桨叶的桨距角约为 $90°$，此时气流对桨叶不产生力矩。当风速达

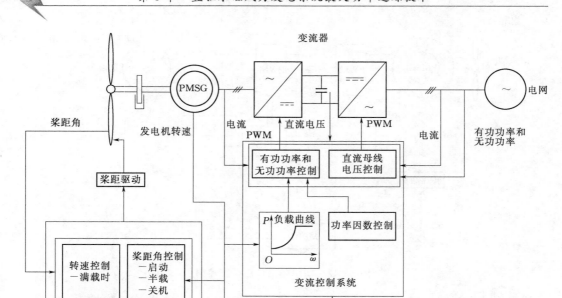

图 3-13　风电机组总体控制图

到切入风速时，控制桨叶向 0°方向转动，直到气流对桨叶产生一定的攻角，叶轮开始启动。在电机并网以前，变桨距系统的桨距给定值由电机转速信号控制。转速控制器按一定的上升斜率给出速度参考值，变桨距系统根据此值，调整桨距角，进行速度控制。

图 3-14 所示为风轮变桨距控制框图。在发电机达到额定功率之前，采用转速控制方式，根据风速的大小，用风速变化稳定的低频分量配合变频器对发电机进行控制，使风轮运行在最佳叶尖比的情况。当风速达到或者超过额定风速后，风电机组进入额定功率状态。这时将转速控制切换到功率控制，变桨距系统开始根据发电机的功率信号进行控制。功率反馈信号与给定值进行比较，当功率超过额定功率时，桨叶桨距就向迎风

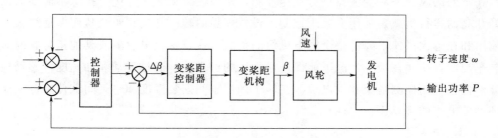

图 3-14　风轮变桨距控制框图

β—桨距角；$\Delta\beta$—一个控制周期内的桨距角变化量

面积减小的方向转动一个角度，反之则向迎风面积增大的方向转动一个角度。目前世界上变桨距机构主要分为液压执行机构和电机执行机构两种。液压执行机构以其响应频率快、扭矩大、便于集中布置和集成化等优点在目前的变桨距机构中占有主要的地位，它特别适合于大型风力机的场合。而电机执行机构因具有结构简单、能对桨叶进行单独控制的优点，也受到许多厂家的青睐。

3.3.3　变流器和发电机的保护

在风力发电系统中，由于外部环境非常复杂，如风的不停变化以及电网的各种问题，而发电机和变流器的行为决定了风轮的运行，因此对发电机和变流器的保护非常必要。

变流器保护系统不停地监视直流连接环的直流电压、发电机以及电网侧的电流和其他各种电气参数，并不断将这些检测参数与它们的继电器保护设置相比较，只要有一个参数超出了继电器保护设置要求，保护系统将会命令变流器中断运行。在中断时，变流器停止开关切换并且跳闸，这种情况将会使风力机脱网。发电机的保护也是非常重要的，它主要集中在以下几个问题：永磁风力发电机定子绕组的过电流保护问题，当发电机电流 I_g 过高时，永磁体会去磁，严重损坏电机；发电机的热过载，引起永磁体到达居里温度，同时也会引起去磁。

由于变流器将发电机和电网隔开了，所以电网瞬态故障只对电网侧变流器和中间直流电路产生影响。同时变流器控制系统的设计应尽量减小电网对于直驱永磁风力发电机的压力，这样电网故障就不会引起直驱永磁风力发电机的去磁危害。在电网发生瞬时故障（如电压突降）时，应尽量避免变流器中断跳闸导致的风电机组脱网，保证变流器在瞬时故障时的不间断运行。直流电压的过压是一个很重要的问题，为了防止直流电压的过压，可以采取以下方法：

（1）由于直流电压的微分 dU_{dc}/dt 与 $1/C$ 成正比，因此采用较大的电容来降低直流流电压的波动。

（2）当电网电压下跌时，送往电网的功率也将下跌，功率的下跌导致了对变流器直流母线电容的冲击。抑制电网电压的下跌量必然也会减少直流电压的波动，因此可以采用动态无功补偿的方法。

（3）可采用在机侧变流器和网侧变流器控制环之间增加反馈控制，降低发电机输出电功率从而降低直流电容的冲击。

第四，提高变流器直流母线电容电压的耐压值。

3.4　风力发电系统最大功率控制仿真

3.4.1　风轮模拟

风轮最初采用纯软件模拟方法，20 世纪 90 年代，美国 sandia 国家实验室用纯软件方法从风轮的空气动力负载、控制系统、结构分析等方面进行仿真。随着电力电子技术和微机控制技术的发展，风轮模拟从纯软件模拟发展到硬件模拟，采用各种调速电动机模拟风力机特性。

目前调速电动机控制方法已经发展得非常成熟，各种新型电机和新型控制方法不断涌现，可以满足各种情况下的调速要求。因此，实验室环境下采用电动机模拟风力机特性，对其特性的模拟需要非常精确，这对风力发电机的调速提出了很高的要求，不仅要能精确调节转速，而且要能控制对应的转矩并具有零时刻动态响应速度。

风轮模拟控制算法包括两部分：一部分是风轮模拟的计算，用来求取参考转矩；另一部分是转矩控制。根据模拟风速和反馈转速，求解风轮模型可得到参考转矩。需要指出的是，在计算参考转矩时，应将反馈的角速度 ω_m 按实际系统中齿轮箱的变比 N 折算成风轮的角速度 $\omega_w = \omega_m / N$。模拟风轮控制框图如图 3-15 所示。

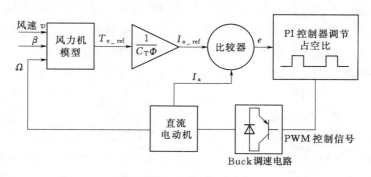

图 3-15　模拟风轮控制框图

v—风速；β—桨距角；T_{e-ref}—直流电机输出转矩参考值；I_{a-ref}—a 相电流参考值；
I_a—a 相电流有效值；Φ—磁通量；C_T—转矩常数；Ω—机械转速

根据图 3-15 利用 Matlab/Simulink 仿真软件构建直流电机模拟风轮的仿真图，如图 3-16 所示。

在图 3-16 中，仿真模型主要由以下部分组成：

(1) 风轮模型（wind turbine model）。其作用是通过向模型中输入模拟风速（wind speed）、桨距角 β（本章研究定桨距 $\beta = 0$）及直流电机反馈角速度 ω_m，来求取风力机参考转矩 T_m，Matlab 中风轮模块的内部结构如图 3-17 所示。

(2) 脉冲信号发生器（pulse generator）。其作用是将输入的参考转矩与直流电机反馈的电磁转矩间的偏差经过其内部的 PI 调解与信号发生器两环节的作用，输出最终的触发脉冲信号，用于控制斩波电路 IGBT 的通断，实现跟踪调整斩波电路输出的直流电压。

(3) 直流斩波电路。其作用是将调节后的电压输入直流电动机中，为直流电机提供电能。

(4) 剩余部分为选取的直流电机模型以及其观测端。该模型的观测器有两部分观测输出：①直流电机转子旋转角速度 ω_m；②直流电机输出的电磁转矩 T_e。

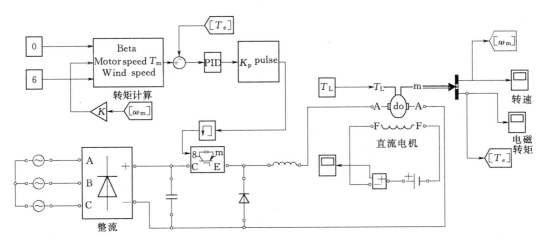

图 3-16　风轮仿真模型总体框图

T_L—直流电机转矩

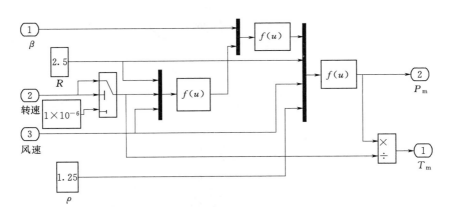

图 3-17　风轮模块的内部结构

β—桨距角，rad；R—桨叶半径，m；ρ—空气密度，kg/m³

模拟风轮参数为：额定功率 $P=10$kW，最大风能利用系数 $C_{P\max}=0.48$，桨距角 $\beta=0°$，桨叶半径 $R=2.5$m。给定直流电机参数：额定功率 $P_N=10$kW，额定转速 $n_N=1500$r/min，额定电枢电压 $U_N=440$V，额定电枢电流 $I_N=39.3$A，电枢回路总电阻 $R_a=0.087\Omega$，额定励磁电压 $U_f=220$V，额定励磁电流 $I_f=1.63$A，转动惯量 $J=0.1$kg·m²。

图 3-18 所示为恒定风速、转速变化时，风速分别给定 $v_1=8$m/s、$v_2=9$m/s、$v_3=10$m/s 时的直流电机转矩和功率输出曲线。其中，T_{ref} 和 P_{ref} 分别为风轮理论输出转矩和理论机械功率，T_e 和 P 分别为直流电机输出转矩和功率。当风速分别为 8m/s、9m/s、10m/s 时，直流电机的转矩—转速曲线及功率—转速曲线与风轮理论曲线非常吻合，说明直流电机具有良好的模拟风力机动态特性的性能。

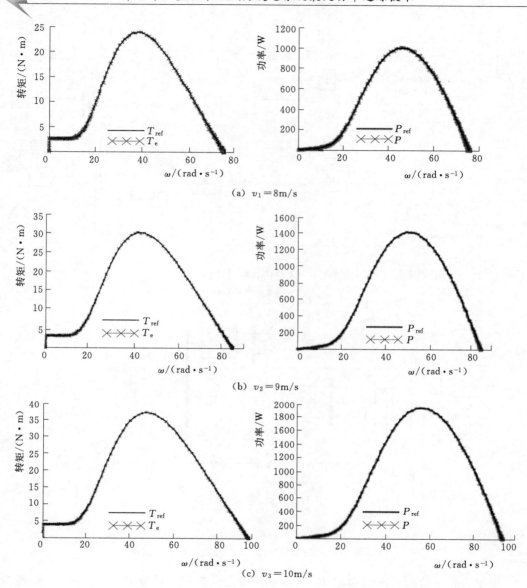

(a) $v_1 = 8\text{m/s}$

(b) $v_2 = 9\text{m/s}$

(c) $v_3 = 10\text{m/s}$

图 3-18　模拟风力机特性曲线

3.4.2　仿真模型

3.4.2.1　最佳直流控制仿真模型

　　根据 3.1.1 所述的永磁风力发电机的最佳直流电流爬山算法控制方案，搭建如图 3-19 所示的 Matlab 模型，motor control 为电机侧的升压斩波器控制电路的封装模块，其内部结构如图 3-20 所示。

　　斩波器控制模块的输入为经变流器输出的直流电流 I_{dc1}、U_{dc1}，经过斩波器输出电压 U_{dc2}，并由爬山算法求出最佳直流电流指令；控制器的输出为斩波器的触发角。

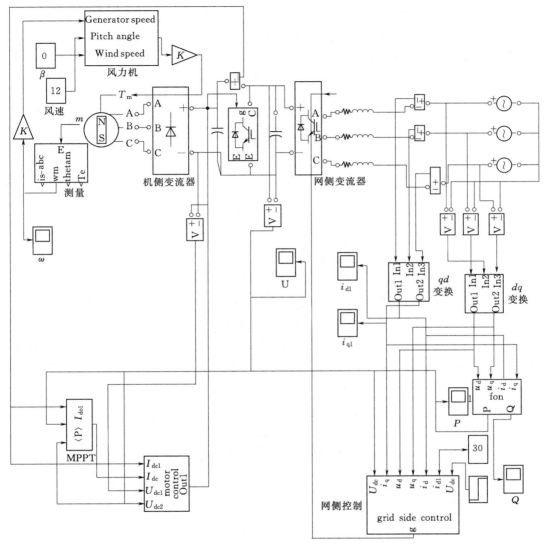

图 3-19　最佳直流电流爬山算法控制 Matlab 模型

（图中桨距角设置为 0°，风速设置为 12m/s）

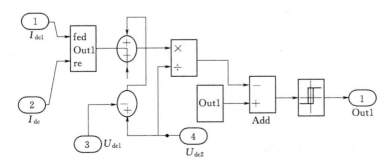

图 3-20　斩波器控制模块内部结构

完成爬山算法计算最佳指令电流的模块在图 3-19 中用 MPPT 表示，根据算法扰动原理，它所需要的输入为变流器输出的直流电流及直流电压。根据指令计算公式，模块内部结构如图 3-21 所示。

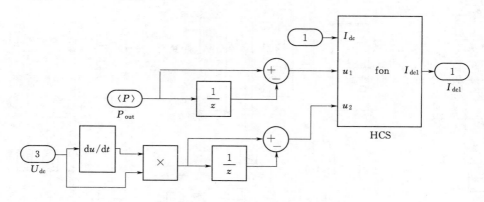

图 3-21　MPPT 模块内部结构

电网侧变流器的数学模型封装模块图中用 grid side control 表示。在本模块中采取直接滞环电流的控制方法对变流器进行控制，具有响应速度快、控制结构简单的特点。其输入为给定参考直流电压具体 U_{dc}^*、经 dq 变换的网侧输出电压、电流；输出为开关量 S_u、S_v、S_w 对变流器进行控制。模块内部结构如图 3-22 所示。

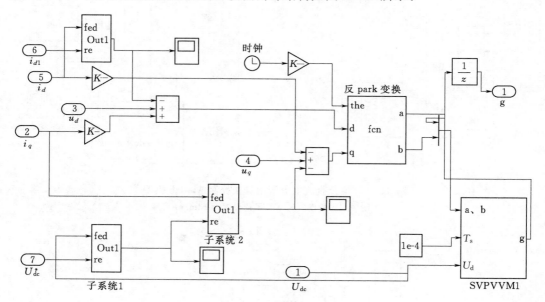

图 3-22　变流器控制模块内部结构
1~7—输入端口；g—输出端口

3.4.2.2　最佳功率控制仿真模型

根据最佳功率控制方案，基于最佳功率给定爬山算法在直驱永磁风力发电系统控制仿真模型如图 3 - 23 所示。机侧和网侧都采用 PWM 控制，与最佳直流控制不同的是，该控制方案通过机侧的控制维持电压恒定。因此，机侧变流器为电压外环控制，无功电流根据需要用固定常数作为输入。此外，该方案网侧采用的是 PQ 解耦控制，以便利用爬山算法计算的最佳功率进行最大功率控制。

图 3 - 23 中以 MPPT 表示爬山算法模块。把电机转速及网侧功率经过采样后输入 MPPT 模块以便进行计算功率扰动，输出功率指令，如果功率采样和最大风能捕获算法的时间与速度调节器的周期相当，将会得到有关功率变化量 ΔP 的错误信息，导致发电机转矩的波动而使系统在工作点发生振荡。因此功率采样和风能捕获算法的周期应该大于速度环的周期。本仿真模型中功率采样和风能捕获算法运行周期是速度环调节周期的 4 倍。

图 3 - 23 中用 grid side con trol 表示最佳功率给定控制网侧变流器控制模块，其内部结构比最佳直流给定网侧变流器的控制多了一个功率外环，在图 3 - 22 的基础上将 U_{dc}^* 换成 Q^*，同时 i_d^* 由 P^* 与 P 经过 PI 调节产生。

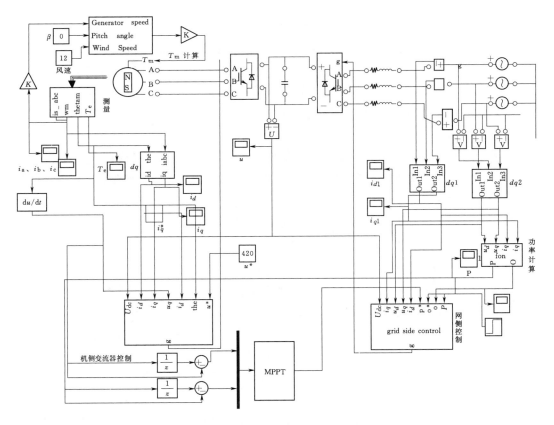

图 3 - 23　最佳功率给定爬山算法在直驱永磁风力发电系统控制仿真模型

3.4.3　仿真参数的调节

控制器的参数整定是控制系统设计的核心内容。它是根据被控过程的特性确定 PID

控制器的比例系数、积分时间和微分时间的大小。PID 控制器参数整定的方法很多，主要有两大类：一是理论计算整定法，它主要是依据系统的数学模型，经过理论计算确定控制器参数，这种方法所得到的计算数据未必可以直接用，还必须通过工程实际进行调整和修改；二是工程整定方法，它主要依赖工程经验，直接在控制系统的试验中进行，该方法简单、易于掌握，在工程实际中被广泛采用。PID 控制器参数的工程整定方法主要有临界比例法、反应曲线法和衰减法。三种方法各有特点，其共同点都是通过试验，然后按照工程经验公式对控制器参数进行整定。但无论采用哪一种方法所得到的控制器参数都需要在实际运行中进行最后调整与完善。现在一般采用的是临界比例法，利用该方法进行 PID 控制器参数的整定步骤为：①首先预选择一个足够短的采样周期让系统工作；②仅加入比例控制环节，直到系统对输入的阶跃响应出现临界振荡，记下此时的比例放大系数和临界振荡周期；③在一定的控制度下计算得到 PID 控制器的参数。

PID 控制器参数的大小设置，一方面是要根据控制对象的具体情况而定；另一方面是经验试凑。试凑过程可先调比例系数 P，再加积分时间 I，最后加微分时间 D。调试时，首先将 PID 控制器参数置于影响最小的位置，即 P 最大、I 最大、D 最小。按纯比例系统整定比例度，使其得到比较理想的调节过程曲线，然后比例系数缩小至原来的 70% 左右，将积分时间从大到小改变，使其得到较好的调节过程曲线。最后，在这个积分时间下重新改变比例系数，再看调节过程曲线有无改善，如有所改善，可将原整定的比例系数适当减小，或再减小积分时间，这样经过多次反复调整，就可得到合适的比例系数值和积分时间。

如果在外界干扰作用下系统稳定性不够好，可以将比例系数适当调大，并且适当增加积分时间，使系统有足够的稳定性；在调试过程中，如果比例系数过小，积分时间过短和微分时间过长，都会产生周期性的振荡。为了解决积分时间引起的振荡周期较长、比例系数过小引起的振荡周期较短、微分时间过长引起的振荡周期最短等振荡问题，本仿真模型中的 PID 控制器参数选取方案如下：

（1）确定比例系数 K_p。确定比例系数 K_p 时，首先去掉 PID 控制器的积分项和微分项，可以令 $T_i=0$、$T_d=0$，使之成为纯比例调节。输入设定为系统允许输出最大值的 60%~70%，比例系数 K_p 由 0 开始逐渐增大，直至系统出现振荡；反过来，此时比例系数 K_p 逐渐减小，直至系统振荡消失。记录此时的比例系数 K_p，设定 PID 控制器的比例系数 K_p 为当前值的 60%~70%。

（2）确定积分时间常数 T_I。比例系数 K_P 确定之后，设定一个较大的积分时间常数 T_I，然后逐渐减小 T_I，直至系统出现振荡；然后反过来，逐渐增大 T_I，直至系统振荡消失。记录此时的 T_I，设定 PID 控制器的积分时间常数 T_I 为当前值的 150%~180%。

（3）确定微分时间常数 T_D。一般设定为 $T_D=0$，此时 PID 调节转换为 PI 调节。

（4）对 PID 控制器的参数进行微调，直到满足性能要求。

直驱永磁风力发电系统是个复杂的大系统，它包括风力机、永磁风力发电机、变流器、机侧和网侧变流器控制模块，以及 MPPT 模块。机侧和网侧分别有 PI 调节器，只有把所有的 PI 调节器的参数设置正确后，系统才能变速恒频发电，而每个 PI 调节器的参数可能都不同，因而整个系统的仿真会无从调起，为此只能将机侧和网侧分开，分别调节两侧 PI 调节器。

以直接电流给定最大功率控制方案为列，做网侧变流器控制仿真时，将系统仿真图从中间断开，保留直流电流，将机侧的所有模块用直流电源代替，如图 3-24 所示。

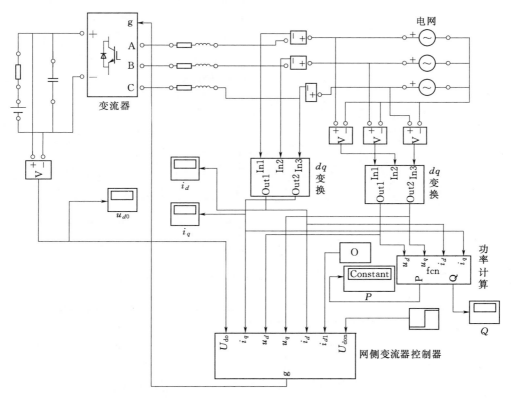

图 3-24 网侧仿真模型

由图 3-24 可知，网侧变流器控制器含 3 个 PI 调节器，因而在仿真时将外环 PI 调节器的 K_P、T_I、T_D 全置零，再改变内环两个 PI 调节器的参数。通过观看示波器来确认经 PI 调节器后能否追踪参考值，当这一目标实现后，维持前面两个 PI 调节器的参数不变，最后调节外环 PI 调节器。网侧控制的目标是维持直流电压和电压发生变化也能经过振荡后回到稳定值，追踪参考电压，这样才能使得 SVPWM 里面用到的参考电压维持恒定，从而保证变速恒频发电，使得三相电压电流波形为标准三相正弦波。图 3-25 所示为参考电压由 500V 到 300V 阶跃变化时，网侧电容电压仿真波形。

网侧变流器的仿真成功后，将系统中网侧 PI 参数设为网侧仿真成功的参数，机侧不再做单独仿真，而是将机侧和网侧变流器联合起来仿真，最大功率控制模块输出的最佳直流电流用常数代替，仿真参数调节成功的标志为：直流电压、直流电流能够跟踪参考值，如图 3-26 所示。

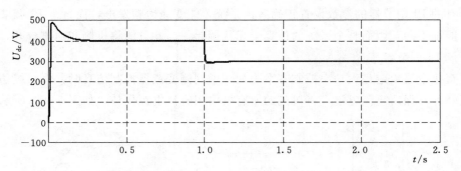

图 3-25　网侧电容电压仿真波形

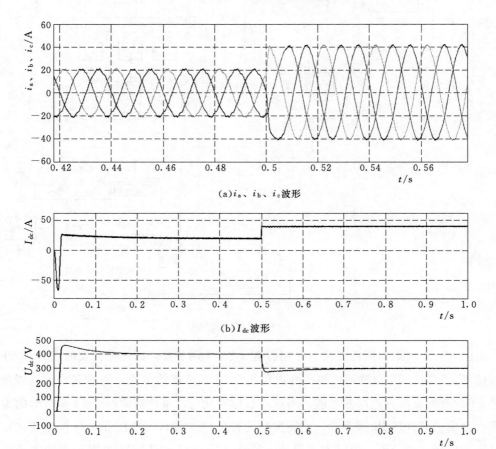

(a) i_a、i_b、i_c 波形

(b) I_{dc} 波形

(c) U_{dc} 波形

图 3-26　并网仿真波形

　　同理，在进行功率给定的最大功率控制仿真时也需分步进行调试，主要实现功率的追踪和直流电压的恒定，如图 3-27 所示。调试过程中，电压指令设置为 420V，参考功率从 2000W 到 3000W 阶跃变化。调试结束以后，可以把最大功率追踪模块接入系统。

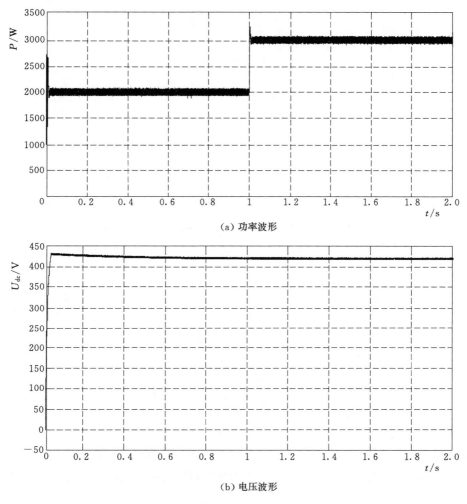

(a) 功率波形

(b) 电压波形

图 3-27 PQ 解耦控制并网仿真波形

3.4.4 爬山算法仿真试验

3.4.4.1 最佳直流给定爬山算法仿真

为了使最佳电流给定爬山算法对风速变化快速响应，必须首先完善最大功率工作表。首先将风速从 2m/s 阶跃增加到 15m/s（额定风速下风轮正常工作的风速）每秒增加 0.03m/s，目的是让最大功率工作表覆盖 70~450V 的每一组直流电压和与之对应的最佳直流电流。然后让风速在 1.5s 处由 8m/s 突变到 9m/s 最佳直流电流爬山算法仿真波形如图 3-28 所示，根据风轮参数计算得，8m/s 风速下风轮的最大功率为 3154.4W，而 9m/s 下风轮的最大功率为 4291W，观察仿真结果可发现功率误差为 4.6%，在稳态时一直保持 $C_P > 0.45$，当风速突然变化时，C_P 下滑到 0.4 左右，但能很快复原。由此可见，最佳直流电流爬山算法及其控制策略能够快速地实现功率追踪，且稳态波动小。

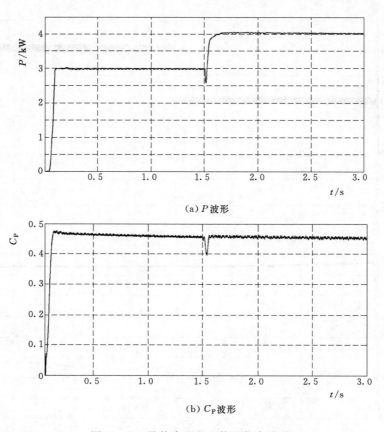

(a) P 波形

(b) C_P 波形

图 3-28　最佳直流爬山算法仿真波形

　　为了体现该爬山算法的优势，对传统爬山算法进行仿真，其波形如图 3-29 所示。由图 3-29 可知，尽管仿真参数不同，但从波形变化可以看出传统爬山算法在最大功率点跟

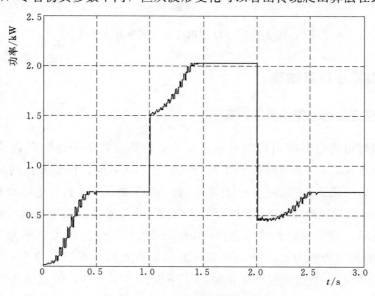

图 3-29　传统爬山算法仿真波形

踪上要比最佳直流爬山算法慢许多,风速随机变化时最大功率的追踪误差会越明显。

3.4.4.2　最佳功率给定爬山算法仿真

最佳功率爬山算法与 PQ 解耦控制相结合构成了新的最大功率追踪方法,当所有参数调好后,便可改变风速测试效果。

同样改变风速,让 MPPT 模块对所有风速下的最佳转速最大功率都有记忆,当检测到电机转速为 ω 时,立即给出对应的最佳功率,通过转矩平衡关系,最终风力机会在这一风速下的最大功率点到达平衡。

经过一段时间运行后,模块里的数据不断地增添和更新。首先以阶跃风速作为风力机输入,观察 C_P 和功率波形,测试稳态跟踪能力和瞬间响应速度,如图 3-30 所示。

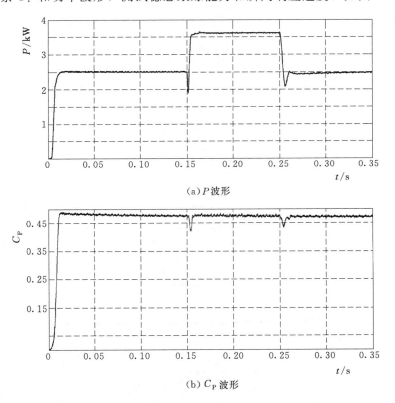

(a) P 波形

(b) C_P 波形

图 3-30　最佳功率给定爬山算法稳态响应波形

当风速为 7.5m/s 时,根据贝兹理论计算的最大功率为 2483.7W;当风速为 8.5m/s 时,计算最大功率为 3615.6W。通过观察仿真波形可知,最佳功率给定爬山算法在最大功率跟踪上比最佳电流给定爬山算法误差小得多,且一直保持 $C_P > 0.45$;从时间轴上看,最佳功率给定爬山算法的反应时间比最佳电流爬山算法的时间小得多。通过多项对比发现最佳功率给定爬山算法更适合快速变化下风能的最大捕获,为了测试最佳功率给定爬山算法的瞬态响应,还需对它不断扰动,本书以 0.6s 为周期三角波的风速作为风力机的输入,观察它对风速不断变化情况下的跟踪效果,如图 3-31 和图 3-32 所示。

其中，图 3-31 所示为风速变化曲线，图 3-32 所示为最佳功率给定爬山算法瞬态响应。

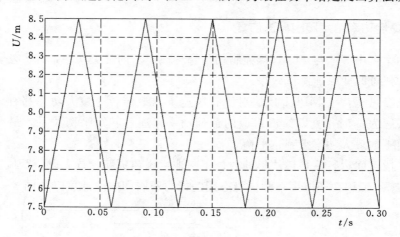

图 3-31　风速变化曲线

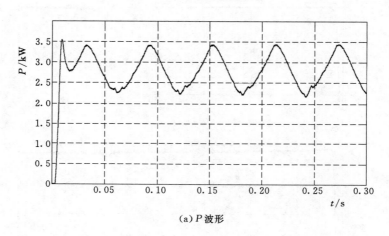

(a) P 波形

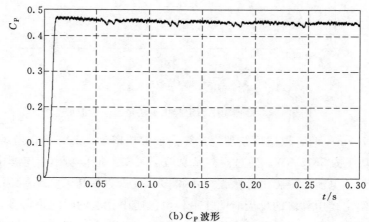

(b) C_P 波形

图 3-32　最佳功率给定爬山算法瞬态响应

通过最佳功率给定爬山算法瞬态响应波形可以看出其反应速度比图 3 - 29 所示的传统爬山算法提升了一个数量级，且 C_P 一直保持 $C_P=0.45$ 左右。但是该算法在快速变化风速下对最大功率点的追踪误差虽然比稳态时要差，误差数量级在 0.01。

参 考 文 献

［1］ 王兆安，黄俊．电力电子技术［M］．北京：机械工业出版社，2000．

［2］ 张崇巍，张兴．PWM 变流器及其控制技术［M］．北京：机械工业出版社，2003．

［3］ 卢季宁．新型爬山算法在永磁直驱式风力发电系统中的运用［D］．长沙：湖南大学，2010．

［4］ 凌禹，张同庄，丘雪峰．直驱式永磁风力发电机最大风能追踪策略的研究［J］．电力电子技术，2007，41（7）：1 - 5．

［5］ 姚骏，廖勇，瞿兴鸿，等．直驱永磁风力发电机的最佳风能跟踪控制［J］．电网技术，2008，32（10）：11 - 15，27．

［6］ 邹强，刘波峰，彭镭，王家乐．爬山算法在风力发电机组偏航控制系统中的应用［J］．电网技术，2010，34（5）：72 - 76．

［7］ 黄守道，卢季宁，黄科元．新型爬山算法在大惯性风电系统中的应用［J］．控制工程，2010，17（2）：228 - 231．

［8］ 李晶，宋哗，王伟胜．大型变频恒速风力发电机组建模与仿真［J］．中国电机工程学报，2004，24（16）：100 - 105．

［9］ 黄守道，卢季宁，黄科元，高剑．优化爬山算法在直驱永磁风力发电系统中的应用［J］．控制理论与应用，2010，27（9）：1221 - 1226．

［10］ 邓秋玲．电网故障下直驱永磁同步风电系统的持续运行与变流控制［D］．长沙：湖南大学，2012．

第4章 直驱永磁风力发电系统 双 PWM 变流器并网技术

4.1 直驱永磁风力发电系统控制策略

带全功率变流器直驱永磁风力发电控制系统在正常运行时实现的目标为：①低风速时跟踪最大功率运行点；②高风速时限制功率；③维持直流母线电压的恒定；④保证网侧输入电流为正弦波形，运行在单位功率因数下；⑤稳定和有效地抑制存在于直驱永磁风力发电系统风轮驱动链中的振荡。

变流器的控制借助于机侧变流器控制器和网侧变流器控制器这两个控制器来实现，如图 4-1 所示。

变流器的控制参数有 4 个，即有功功率、无功功率、直流母线电压和发电机定子交流电压。变流器的控制可以使用不同的控制策略来实现，分别有各自的优点和缺点。

机侧控功率、网侧控母线电压控制策略。发电机侧变流器实现对直驱永磁风力发电机的无功功率和有功功率的解耦控制，网侧变流器实现输出并网，输出有功功率和无功功率的解耦控制和直流侧电压控制，这是一种传统的控制方式。

机侧控电压、网侧控功率控制策略是发电机侧变流器控制发电机定子电压 U_s 和直流母线电压 u_{dc} 恒定。而网侧变流器通过矢量变换控制分别对流向电网的有功功率和无功功率进行解耦控制，如图 4-1 所示，阻尼控制器用来抑制振荡时给机侧变流器提供直流母线参考电压，风电机组最大功率追踪是通过网侧变流器来实现的。由于风电机组是通过背靠背全功率变流器与电网相连的，当发生电网故障时，可以继续利用机侧变流器对直流母线电压和发电机定子电压进行控制，以维持直流母线电压。当机侧变流器平

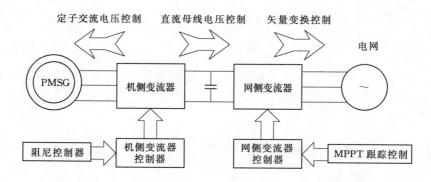

图 4-1 直驱永磁风力发电系统变流器控制结构图

衡了直流母线电压，它就确保了将来自直驱永磁风力发电机端的功率传输到了电网一端。因此采用这种控制策略使直驱永磁风力发电系统具有一定的电网故障穿越能力。

4.1.1 机侧控功率、网侧控母线电压控制策略研究

4.1.1.1 机侧变流器控制

在双 PWM 直驱永磁风力发电系统机侧控功率、网侧控母线电压控制策略，机侧变流器实现对永磁风力发电机的有功功率和无功功率的解耦控制，即通过对机侧变频器采用 dq 轴解耦的转子磁链定向控制来实现直驱永磁同步风电机组追踪最大风能的变速恒频运行。故采用在 dq 同步旋转坐标系下的矢量控制法产生相应的电压矢量 u_d、u_q 以及电频率 f_e，从而控制发电机转速。

直驱永磁风力发电机一相等效电路和相量图如图 4-2 所示。

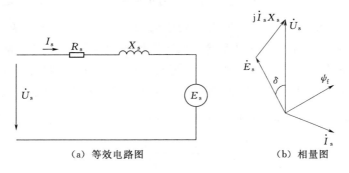

（a）等效电路图　　　　　　（b）相量图

图 4-2　直驱永磁风力发电机一相等效电路和相量图

通常假设风力发电机转子中的磁场分布是正弦的，因此磁链可以通过一个矢量来描述。对于直驱永磁风力发电机，永磁磁场在定子绕组中感应的电压 $\dot{E}_s$ 的幅值可表示为

$$|\dot{E}_s| = \omega_e \psi_f = 2\pi f_e \psi_f \tag{4-1}$$

式中　ω_e——电气角频率；

　　　ψ_f——转子永磁体在定子中所产生的磁链的幅值；

　　　f_e——电气频率。

感应电压 $|\dot{E}_s|$ 与发电机的电气频率成正比。

由于定子绕组中的电流引起损耗和电压降，这两个电磁现象都是用电阻 R_s 来表示。定子电流 $\dot{I}_s$ 除了产生一个阻性压降外，还会产生一个磁场，这个磁场叠加到永磁体产生的磁场中。因此，直驱永磁风力发电机定子端电压 $\dot{U}_s$ 相当于由总的磁场引起的电压。根据定子电流的相延时性，发电机总的磁通量随着电流的变化有可能增加，也有可能减小，这个电磁效应可用模型中的电抗 X_s 来表示。直驱永磁风力发电机的定子电抗相对电阻来说比较高，因此，除了进行效率计算外，电阻通常可以忽略不计。

因为直驱永磁风力发电机应用在低速场合，电机的极数很多，不能像传统的风力发

电机那样在转子铁芯中采用阻尼绕组。另外，由于采用永磁励磁，转子上也没有磁场绕组，也不会产生瞬态电流或阻尼作用，也不会像绕线风力发电机那样，存在瞬态电抗和次瞬态电抗。因此，负载变化的时候，也不存在磁场绕组产生的阻尼作用，因此有

$$x_d = x_d' = x_d'' \tag{4-2}$$

$$x_q = x_q' = x_q'' \tag{4-3}$$

式中　x_d、x_q——直轴、交轴同步电抗；

　　　x_d'、x_q'——直轴、交轴瞬态电抗；

　　　x_d''、x_q''——直轴、交轴次瞬态电抗。

虽然直驱永磁风力发电机应用在低速场合，动态响应慢，有没有阻尼绕组也不是很重要。但是，为了改善风力发电系统的性能，还是可以通过变流器的控制来获得阻尼性能。

感应电动势 $\dot{E}_s$ 和定子电压 $\dot{U}_s$ 之间的夹角为负载角 δ，$\dot{E}_s$、$\dot{U}_s$ 和 $\dot{I}_s$ 之间的关系如图 4-2（b）所示。当 $\dot{E}_s < \dot{U}_s$ 时，说明电机处于欠励运行状态，相反则处于过励运行状态。电励磁电机通常控制为无功中性点，则变流器的额定容量只需要等于有功功率大小。由于直驱永磁发电机的励磁是固定的，通常工作在欠励运行状态，即变流器要向发电机提供无功功率，因此，变流器容量稍大。直驱永磁风力发电机的有功 P_{gen} 和无功功率 Q_{gen} 分别可以用 $\dot{U}_s$、$\dot{E}_s$ 和负载角 δ 来推出，即

$$P_{gen} = \frac{|\dot{U}_s||\dot{E}_s|}{X_s}\sin\delta \tag{4-4}$$

$$Q_{gen} = \frac{|\dot{U}_s||\dot{E}_s|}{X_s}\cos\delta - \frac{|\dot{U}_s|^2}{X_s} \tag{4-5}$$

若输入机械功率增加，即负载角 δ（$\dot{U}_s$ 和 $\dot{E}_s$ 之间的相位移）增加，输出的电功率也增加，当 $\delta = 90°$ 时达到最大。若负载角和电压大小可控，则变流器能够产生或吸收有功功率和无功功率。

直驱永磁风力发电机特性还与正常运行和故障运行时变频器的控制密切相关。变频器控制通常使用矢量控制技术，简单地讲，矢量控制可以对有功功率和无功功率进行解耦控制。控制的思路是使用基于磁链或电压定向的旋转参考坐标，然后将电流投影在这些坐标轴上，通常将投影电流称为对应电流的 d 轴分量和 q 轴分量。适当地选择参考坐标系，对交流电流的控制就如同对稳态直流电机的控制那样简单。对于基于磁链定向的旋转坐标，q 轴分量的变化将引起有功功率变化，d 轴分量的变化导致无功功率变化。在电压定向的旋转（超前磁链定向90°的坐标系）坐标系中则相反。

为了对直驱永磁风力发电机的有功功率和无功功率实现解耦控制，采用直驱永磁风力发电机转子磁场定向，即将转子磁链方向定为同步坐标系的 d 轴，则同步旋转坐标系中 d 轴与转子磁链 ψ_f 方向相同，将两相静止坐标中 α 轴与定子 a 相绕组的法线方向对齐，则空载电势 E_s 与 q 轴重合。

$\alpha\beta$ 坐标系和 dq 坐标系下永磁风力发电机矢量图如图 4-3 所示。

利用 PMSG 没有阻尼绕组这个特点可对风力发电机的电压方程进行简化，PMSG 的方程可以直接根据直流励磁的风力发电机的方程来表示。在转子磁场定向的 dq 参考坐标（RRF）内（d 轴与永磁磁链矢量对齐），发电机的电压方程可表示为

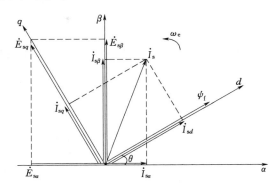

图 4-3　$\alpha\beta$ 坐标系和 dq 坐标系下
永磁风力发电机矢量图

$$
\begin{cases}
u_{sd} = \dfrac{\mathrm{d}\psi_{sd}}{\mathrm{d}t} + R_a i_{sd} - \omega_e \psi_{sq} \\
u_{sq} = \dfrac{\mathrm{d}\psi_{sq}}{\mathrm{d}t} + R_a i_{sq} + \omega_e \psi_{sd}
\end{cases}
\tag{4-6}
$$

其中定子磁链分量为

$$
\begin{cases}
\psi_{sd} = L_{sd} i_{sd} + \psi_f \\
\psi_{sq} = L_{sq} i_{sq}
\end{cases}
\tag{4-7}
$$

式中　R_a——永磁风力发电机每相绕组的电阻；

L_{sd}、L_{sq}——风力发电机定子电感的 d 轴分量和 q 轴分量；

ψ_{sd}、ψ_{sq}——定子绕组磁链的 d 轴分量和 q 轴分量；

u_{sd}、u_{sq}——风力发电机 d 轴电压分量和 q 轴电压分量；

i_{sd}、i_{sq}——d 轴电流和 q 轴电流分量。

空载电势 E_s 满足以下关系

$$
E_s = \omega_e \psi_f
$$

直驱永磁风力发电机在同步参考坐标系内的等值电路如图 4-4 所示。

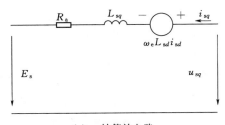

（a）q 轴等效电路

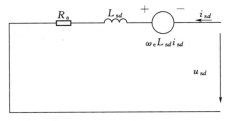

（b）d 轴等效电路

图 4-4　直驱永磁风力发电机在同步参考坐标系内的等值电路图

在研究转子磁场定向的 dq 参考坐标系中发电机的稳态运行时，定子瞬态可以忽略，定子电压方程可以简化为

$$
\begin{cases}
u_{sd} = R_a i_{sd} - \omega_e \psi_{sq} \\
u_{sq} = R_a i_{sq} + \omega_e \psi_{sd}
\end{cases}
\tag{4-8}
$$

直驱永磁风力发电机电磁转矩的公式为

$$T_e = \frac{3}{2} n_p (\psi_{sd} i_{sq} - \psi_{sq} i_{sd}) \qquad (4-9)$$

联立式（4-7）和式（4-9），得到电磁转矩用定子磁链表示为

$$T_e = \frac{3}{2} n_p [(L_{sd} - L_{sq}) i_{sq} i_{sd} - \psi_f i_{sq}] \qquad (4-10)$$

式中　n_p——电机的极对数。

直驱永磁风力发电机的有功功率和无功功率可以表示为

$$P_{gen} = T_e \omega_m = \frac{3}{2} (u_{sd} i_{sd} + u_{sq} i_{sq}) \qquad (4-11)$$

$$Q_{gen} = \frac{3}{2} (u_{sq} i_{sd} - u_{sd} i_{sq}) \qquad (4-12)$$

设转子磁链 ψ_f 和风力发电机定子的同步电感 L_{sd}、L_{sq} 恒定，将磁链方程式（4-7）代入发电机的电压方程式（4-6），可得到直驱永磁风力发电机电流方程为

$$\begin{cases} L_{sd} \dfrac{\mathrm{d} i_{sd}}{\mathrm{d}t} = u_{sd} - R_a i_{sd} + \omega_e L_{sq} i_{sq} \\ L_{sq} \dfrac{\mathrm{d} i_{sq}}{\mathrm{d}t} = u_{sq} - R_a i_{sq} - \omega_e L_{sd} i_{sd} - \omega_e \psi_f \end{cases} \qquad (4-13)$$

或

$$\begin{cases} u_{sd} = R_a i_{sd} - \omega L_{sq} i_{sq} + \psi_{sd} \\ u_{sq} = R_a i_{sq} + \omega L_{sd} i_{sd} + \omega \psi_f + \psi_{sq} \end{cases} \qquad (4-14)$$

若发电机和变流器之间没有无功功率交换，d 轴电流分量与无功功率相关，故设 d 轴电流参考值 $i_{sd}^* = 0$；因 q 轴电流分量反映了转矩的大小，转矩指令电流 i_{sq}^* 从 q 轴速度控制器得到。将 $i_{sd} = 0$ 代入式（4-10），则电磁转矩方程变为

$$T_e = \frac{3}{2} \eta_p \psi_f i_{sq} \qquad (4-15)$$

因为转子采用永磁体励磁，一般情况下可以认为转子磁链是不变的，所以由式（4-15）可以看出：电磁转矩 T_e 与发电机的交轴电流 i_{sq} 成正比，这是因为设定 d 轴电流参考值 $i_{sd}^* = 0$ 的缘故，这也体现了 $i_{sd}^* = 0$ 控制策略的优点。由于电磁转矩 T_e 与 i_{sq} 的线性关系，在已知电磁转矩参考值 T_e^* 的前提下，就可以很容易地得出交轴电流 i_{sq} 的参考值。故风力发电机的直轴电流参考值和交轴电流参考值 i_{sd}^* 和 i_{sq}^* 可根据下式计算出来，因此也使电机的转矩控制环变得比较简单。

$$\begin{cases} i_{sd}^* = 0 \\ i_{sq}^* = \dfrac{2T_e^*}{3 n_p \psi_f} \end{cases} \qquad (4-16)$$

由式（4-13）可知，d 轴和 q 轴之间存在耦合项 $\omega L_{sd} i_{sd}$ 和 $\omega L_{sq} i_{sq}$，为了消除 d 轴电流和 q 轴电流之间的相互耦合，设计出两个单独的电流控制器，必须通过如图

4-5 所示的解耦控制器来实现。首先分别将直轴电压和交轴电压 u_{sd}、u_{sq} 分解成两个部分：一部分为 u'_{sd} 和 u'_{sq}，这个部分由 PI 电流控制器输出，$u'_{sd}=R_a i_{sd}+\psi_d$，$u'_{sq}=R_a i_{sq}+\psi_q$；另一部分为 $u_{sd\,dec}$ 和 $u_{sq\,dec}$，这可以利用解耦控制器来得到，如图 4-5 所示，$u_{sd\,dec}=-\omega L_q i_{sq}$，$u_{sq\,dec}=\omega L_d i_{sd}+\omega\psi_f$。

控制变流器所需的 d 轴电压、q 轴电压矢量 u'_{sd} 和 u'_{sq} 分别由两个电流控制的比例积分（PI）器得到，电流控制器的一个输入是 d 轴分量 i_{sd}，另一个输入是 q 轴电流分量 i_{sq}。根据式（4-13）得到电机定子绕组的传递函数为

$$F_1(s)=\frac{i_{sd}(s)}{u'_{sd}(s)}=\frac{1}{R_a+L_{sd}s}$$

$$(4-17)$$

$$F_2(s)=\frac{i_{sq}(s)}{u'_{sq}(s)}=\frac{1}{R_a+L_{sq}s}$$

$$(4-18)$$

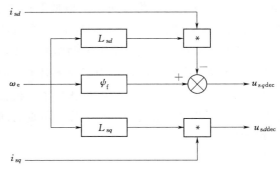

图 4-5 发电机 d 轴电流、q 轴电流控制器的解耦

式中 s——拉普拉斯算子。

为了改善动态响应，分别在 u'_{sd}、u'_{sq} 上加入一个动态补偿量 $u_{sd\,dec}=-\omega L_q i_{sq}$ 和 $u_{sq\,dec}=\omega L_d i_{sd}+\omega\psi_f$，即利用解耦装置得到的电压分量。使用空间矢量调制（SVPWM）来产生功率变流器的开关信号。图 4-6 所示为机侧变流器的控制原理图。

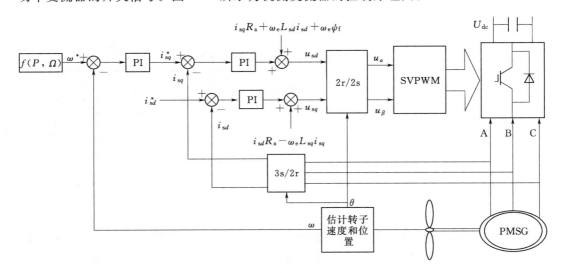

图 4-6 机侧变流器控制原理图

根据式（4-15），q 轴电流的参考值 i^*_{sq} 可由发电机的转矩来决定，它们之间为线性关系。风力发电系统为了从变化的风中捕获到最大的风能，必须在风速变化时保持为最佳叶尖速比不变，因此发电机的转速也必须跟随风速而改变。使用功率信号回

馈的控制方法，即根据事先用实验或仿真方法得到的风场特性以及所选用发电机的运行特性 $f(P，\Omega)$，根据发电机的输出功率，选择相对应的发电机转速，就可以得到恒定的最佳叶尖速比。

为了验证直驱永磁风力发电系统机侧变流器的运行与控制性能，在 Matlab/Simulink 环境下进行了仿真研究。根据上述数学模型和控制策略得到机侧 PWM 变流器控制仿真模型如图 4-7 所示。表 4-1 为风轮与直驱永磁风力发电机的仿真参数。变速恒频风力发电系统中，功率因数的调节一般在网侧实现，可通过给定无功电流参考值或者增加无功功率环来实现。为了便于对本章提出的两种控制策略进行分析比较，只考虑功率因数为 1 时的情况，发电机和功率变流器的额定容量均为 2MW。为了增加响应的快速性，参考功率给定为阶跃信号。仿真时间为 1s，仿真步长取 1×10^{-5}，载波频率取 10kHz。

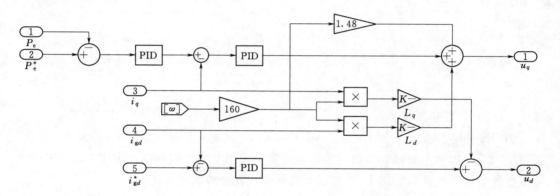

图 4-7 机侧 PWM 变流器控制仿真模型

表 4-1　　　　　　　　　风轮与直驱永磁风力发电机的仿真参数

风轮参数	参数值	发电机参数	参数值
空气密度	1.61kg/m³	定子相电阻	0.004054Ω
风速	11.5m/s	d 轴电感	3×10^{-4}H
桨叶桨距角	0	q 轴电感	3×10^{-4}H
桨叶半径	35.3m	转动惯量	3500kg·m²
极对数	160	转子磁链	1.48Wb
滑差系数	0.3N·m·s		

在机侧变流器控制策略中得到的发电机电磁转矩、发电机功率、发电机机械角速度、发电机定子电流和 d 轴电流、q 轴电流的仿真波形如图 4-8 所示。由于机侧控制功率，且功率信号为阶跃响应，因此，在系统启动瞬间，速度环的 PI 调节器立刻到达负的饱和，使电流输出负的最大值。当实际功率接近参考功率时，速度环的 PI 退出饱和，电流恢复正常输出值，稳定后的定子电流正弦性很好。仿真结果证明了上述机侧变流器控制策略的正确性。

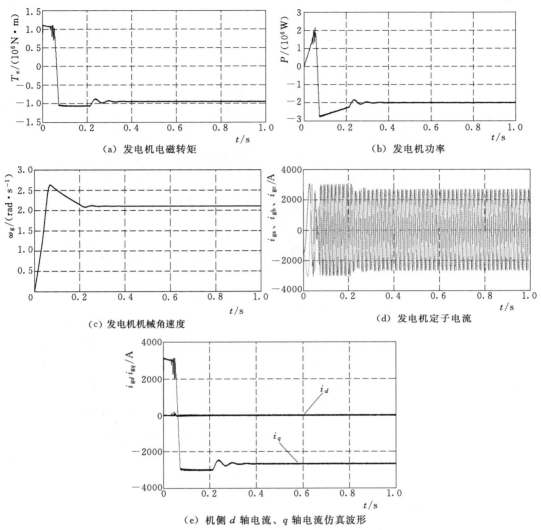

（a）发电机电磁转矩　　　　　　　　（b）发电机功率

（c）发电机机械角速度　　　　　　　　（d）发电机定子电流

（e）机侧 d 轴电流、q 轴电流仿真波形

图 4-8　机侧仿真波形

上述控制策略是假设 d 轴电流参考值 $i_{sd}^* = 0$，这样不能保证电机的铜耗是最小的。若通过对定子电流矢量进行最佳控制而得到最大转矩/电流比控制和最大功率输出控制，这样可以使电机的铜耗最小，但一般来说却不能保证效率是最优的，因为没有计及铁芯损耗的影响。为了考虑铁芯损耗，在 PMSG 等效电路图中加上一个等效电阻 R_c，考虑铁耗后直驱永磁风力发电机等值电路如图 4-9 所示。

电机中的损耗主要为绕组中电流基波分量引起的铜损耗（W_{Cu}）和由气隙磁通基波分量在铁芯叠片中引起的铁损耗（W_{Fe}）之和，分别为

$$W_{Cu}(i_{od}, i_{oq}, \omega_e) = \frac{3}{2}R_s(i_{sd}^2 + i_{sq}^2)$$

$$= \frac{3}{2}R_s \left[\left(i_{od} - \frac{\omega_e L_{sd} i_{oq}}{R_c} \right)^2 + \left(i_{oq} - \frac{\omega_e(\psi_f - L_{sq} i_{od})}{R_c} \right)^2 \right]$$

$$(4-19)$$

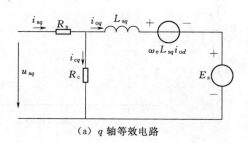 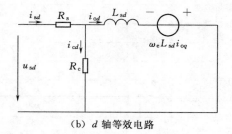

（a）q 轴等效电路　　　　　　　　　（b）d 轴等效电路

图 4-9　考虑铁耗后直驱永磁风力发电机等值电路图

i_{cd}、i_{cq}—d 轴和 q 轴电流铁耗分量；i_{od}，i_{oq}—d 轴电流和 d 轴电流的有功分量

$$W_{Fe}(i_{od},\ i_{oq},\ \omega) = \frac{3}{2}R_c(i_{cd}^2 + i_{cq}^2)$$

$$= \frac{3}{2}\frac{\omega_e^2}{R_c}\left[(L_{sd}i_{oq})^2 + (-\psi_f + L_{sq}i_{od})^2\right] \tag{4-20}$$

总的电气损耗为

$$W_C(i_{od},\ i_{oq},\ \omega_e) = W_{Cu} + W_{Fe} \tag{4-21}$$

结合电磁转矩表达式

$$T_e = \frac{3}{2}n_p\left[\psi_f i_{oq} + (L_{sd} - L_{sq})i_{od}i_{oq}\right] \tag{4-22}$$

得到用 T_e、i_{od} 和 ω_e 表示的功率损耗表达式为

$$W_C(i_{od},\ T_e,\ \omega_e) = W_{Cu}(i_{od},\ T_e,\ \omega_e) + W_{Fe}(i_{od},\ T_e,\ \omega_e) \tag{4-23}$$

由式（4-23）可知：T_e 和 ω_e 一定时，总的损耗只与 i_{od} 的值有关，然后通过控制 i_{od} 的值使损耗降到最低。使损耗最小的 i_{od} 的值可通过解析法对式（4-23）进行微分计算出来。

4.1.1.2　网侧变流器控制

在机侧控功率、网侧控母线电压控制策略中，网侧变流器的控制目标是：输出的直流电压 u_{dc} 恒定，且网侧功率因数可调，并且可在单位功率因数下运行。为了分析网侧变流器的控制策略，首先必须得到变流器的数学模型。

三相 PWM 变流器的等效电路如图 4-10 所示，根据等效电路图可建立带开关函数的 PWM 变流器数学模型。

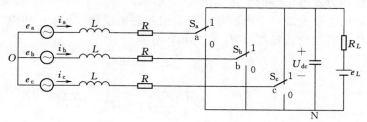

图 4-10　三相 PWM 变流器的等效电路图

根据基尔霍夫电压第一定律（KVL）对图 4-10 的 a 相回路列回路电压方程，则可得到

$$L\frac{\mathrm{d}i_\mathrm{a}}{\mathrm{d}t}+Ri_\mathrm{a}=e_\mathrm{a}-(u_\mathrm{aN}+u_{NO}) \tag{4-24}$$

其中
$$R=R_L+R_\mathrm{s}$$

式中 R_s——功率开关管损耗等效电阻；

R_L——交流侧滤波电感 L 的等效电阻。

变流器相电压与功率开关管的通断情况有关。当 a 相桥臂上功率管导通、下功率管关断时，$S_\mathrm{a}=1$，$u_\mathrm{aN}=U_\mathrm{dc}$；反之，$S_\mathrm{a}=0$，$u_\mathrm{aN}=0$。因此得到 $u_\mathrm{aN}=S_\mathrm{a}U_\mathrm{dc}$。

为了用开关函数来定义变流器的数学模型，对开关函数 S_k 定义如下

$$S_\mathrm{k}=\begin{cases}1 & （上桥臂开通，下桥臂关断）\\ 0 & （下桥臂开通，上桥臂关断）\end{cases} \qquad (k=\mathrm{a}，\mathrm{b}，\mathrm{c}) \tag{4-25}$$

则式（4-24）可变成

$$L\frac{\mathrm{d}i_\mathrm{a}}{\mathrm{d}t}+Ri_\mathrm{a}=e_\mathrm{a}-(S_\mathrm{a}U_\mathrm{dc}+u_{NO}) \tag{4-26}$$

同理可得 b 相、c 相的回路电压方程。

同时，对图 4-10 中的电容正节点应用基尔霍夫电流定律（KCL），得到

$$C\frac{\mathrm{d}U_\mathrm{dc}}{\mathrm{d}t}=i_\mathrm{a}S_\mathrm{a}+i_\mathrm{b}S_\mathrm{b}+i_\mathrm{c}S_\mathrm{c}-\frac{U_\mathrm{dc}-e_L}{R_L} \tag{4-27}$$

最后可以得到在三相静止坐标下 PWM 变流器的一般数学模型为

$$\begin{cases}e_\mathrm{a}-L\dfrac{\mathrm{d}i_\mathrm{a}}{\mathrm{d}t}-Ri_\mathrm{a}-S_\mathrm{a}U_\mathrm{dc}=u_{NO}\\[2mm] e_\mathrm{b}-L\dfrac{\mathrm{d}i_\mathrm{b}}{\mathrm{d}t}-Ri_\mathrm{b}-S_\mathrm{b}U_\mathrm{dc}=u_{NO}\\[2mm] e_\mathrm{c}-L\dfrac{\mathrm{d}i_\mathrm{c}}{\mathrm{d}t}-Ri_\mathrm{c}-S_\mathrm{c}U_\mathrm{dc}=u_{NO}\\[2mm] C\dfrac{\mathrm{d}U_\mathrm{dc}}{\mathrm{d}t}=i_\mathrm{a}S_\mathrm{a}+i_\mathrm{b}S_\mathrm{b}+i_\mathrm{c}S_\mathrm{c}-\dfrac{U_\mathrm{dc}-e_L}{R_L}\end{cases} \tag{4-28}$$

然后再将式（4-28）变换到两相同步旋转的 dq 坐标系后得到的数学模型为

$$\begin{bmatrix}\dfrac{\mathrm{d}i_{gd}}{\mathrm{d}t}\\[3mm]\dfrac{\mathrm{d}i_{gq}}{\mathrm{d}t}\\[3mm]\dfrac{\mathrm{d}U_\mathrm{dc}}{\mathrm{d}t}\end{bmatrix}=\begin{bmatrix}-\dfrac{R}{L} & \omega & -\dfrac{S_d}{L}\\[3mm] -\omega & -\dfrac{R}{L} & -\dfrac{S_q}{L}\\[3mm] \dfrac{3S_d}{2C} & \dfrac{3S_q}{2C} & 0\end{bmatrix}\begin{bmatrix}i_{gd}\\[3mm]i_{gq}\\[3mm]U_\mathrm{dc}\end{bmatrix}+\begin{bmatrix}\dfrac{1}{L} & 0 & 0\\[3mm] 0 & \dfrac{1}{L} & 0\\[3mm] 0 & 0 & -\dfrac{1}{C}\end{bmatrix}\begin{bmatrix}e_d\\[3mm]e_q\\[3mm]i_\mathrm{load}\end{bmatrix} \tag{4-29}$$

式中 S_d、S_q——开关函数 S_k 变换到两相旋转坐标系 dq 坐标系中的 d、q 轴的开关
    函数；

  e_d、e_q——电网电压的 d 轴和 q 轴分量；

i_{gd}、i_{gq}——变流器流入电网的直轴和交轴电流分量。

可得到在两相同步旋转坐标系中三相 PWM 变流器输入电流方程为

$$\begin{cases} L\dfrac{\mathrm{d}i_{gd}}{\mathrm{d}t} = -Ri_{gd} + \omega Li_{gq} + e_d - S_d U_{dc} \\ L\dfrac{\mathrm{d}i_{gq}}{\mathrm{d}t} = -Ri_{gd} + \omega Li_{gd} + e_q - S_q U_{dc} \end{cases} \tag{4-30}$$

设变流器交流侧输出电压的 d 轴分量和 q 轴分量分别为

$$\begin{cases} u_{gd} = S_d U_{dc} \\ u_{gq} = S_q U_{dc} \end{cases} \tag{4-31}$$

将式（4-31）代入式（4-30）中可得到网侧变流器的动态模型为

$$\begin{cases} L\dfrac{\mathrm{d}i_{gd}}{\mathrm{d}t} = -Ri_{gd} + \omega Li_{gq} + e_d - u_{gd} \\ L\dfrac{\mathrm{d}i_{gq}}{\mathrm{d}t} = -Ri_{gd} + \omega Li_{gd} + e_q - u_{gq} \end{cases} \tag{4-32}$$

在网侧变流器控制中，采用电网电压定向，即将电网电压矢量 E 与同步坐标系的 d 轴重合，则 d 轴和 q 轴的电网电压分量分别为

$$\begin{cases} e_d = e \\ e_q = 0 \end{cases} \tag{4-33}$$

因此得到在 dq 坐标系下从网侧变流器输送到电网的有功功率 P_g 和无功功率 Q_g 为

$$\begin{cases} P_g = \dfrac{3}{2}(e_d i_{gd} + e_q i_{gq}) = \dfrac{3}{2}e_d i_{gd} \\ Q_g = \dfrac{3}{2}(e_q i_{gd} - e_d i_{gq}) = -\dfrac{3}{2}e_d i_{gq} \end{cases} \tag{4-34}$$

式（4-34）表示：若变流器采用电网电压定向控制策略时，电流矢量的 d 轴分量和 q 轴分量 i_{gd}、i_{gq} 分别与变流器的有功电流分量和无功电流分量相对应。因此通过控制 d 轴电流分量和 q 轴电流分量 i_{gd}、i_{gq} 就可以实现电网的有功功率和无功功率的解耦控制。

变流器输入到电网的有功功率与直流电压的大小有关，因此用电压调节器的输出作为 d 轴电流分量（有功电流）i_{gd} 的给定值来对直流侧电容电压进行控制。

由式（4-32）可以看出，d 轴电流和 q 轴电流之间也存在耦合项 ωLi_{gq} 和 ωLi_{gd}，采用电网电压定向控制策略后，还存在电网电压 d 轴分量 e_d 的干扰，这些耦合和干扰对控制系统的动态性能会产生很大的影响，也增加了控制系统的复杂性。为了能消除 d 轴电流与 q 轴电流之间的耦合，与机侧变流器控制一样，采用解耦控制器来实现，即引入两个解耦项 ωLi_{gq} 和 $-\omega Li_{gd}$ 实现解耦，同时引入电网扰动电压 e_d 作为前馈补偿以消除电网电压的干扰，最后实现对 d 轴电流和 q 轴电流的独立控制。

因此可将 d 轴电压和 q 轴电压 u_d、u_q 分解成三个分量：一个分量为 u_d' 和 u_q'，由

PI 电流控制器输出，$u'_{gd} = Ri_{gd} + \dot{\psi}_{gd}$，$u'_{gq} = Ri_{gq} + \dot{\psi}_{gq}$；另一个为利用解耦装置得到的 $u_{gd\text{dec}}$ 和 $u_{gq\text{dec}}$。$u_{gd\text{dec}} = -\omega L i_{gq}$，$u_{gq\text{dec}} = \omega L i_{gd}$；最后一个分量为电网扰动量 e_d。

网侧变流器的控制和机侧的变流器的控制比较类似，分别采用电压外环和电流内环来控制电网的有功功率和无功功率。电压外环采用 PI 调节器，用直流电压误差作为其输入，输出信号作为电流内环 d 轴电流的给定值 i_{gd}^*。电流内环采用电压矢量控制方法，产生合成的 SPWM 信号，调节变流器输出三相电压基波的相位和幅值，使变流器输出电感上的电压相量垂直于电网电压相量，从而使电流和电网电压相位一致，功率因数接近于 1。

最后可得到网侧变流器控制框图如图 4-11 所示。若要使系统运行在单位功率因数，令 $i_{gq}^* = 0$ 即可。

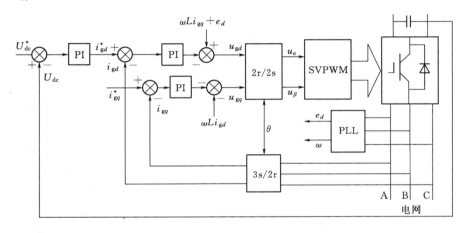

图 4-11　网侧变流器控制框图

为了验证网侧 PWM 变流器控制策略的正确性，在 Matlab/Simulink 环境下对网侧变流器系统进行了仿真。图 4-12 所示为网侧 PWM 变流器功率控制策略仿真模型，表 4-2 为网侧变流器主回路的仿真参数，变流器额定功率 $P_N = 2\text{MW}$。同样假定系统运

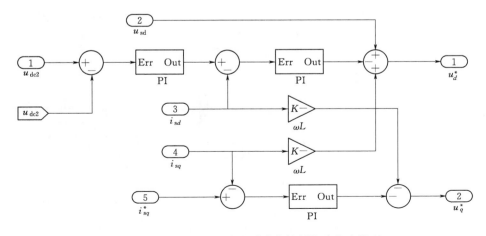

图 4-12　网侧 PWM 变流器功率控制策略仿真模型

表 4 - 2 网侧变流器主回路的仿真参数

主回路参数	数　值
直流母线电容 C	$8 \times 4.7 \times 10^{-4} \text{F}$
直流母线电压 U_{dc}	1200V
LCL 回路网侧电感 L_g	$4.0 \times 10^{-5} \text{H}$
LCL 回路滤波电容 C_f	$4.0 \times 10^{-5} \text{F}$
LCL 回路变流器侧电感 L_1	$1.0 \times 10^{-4} \text{H}$
阻尼电阻 R_d	0.1Ω

行在额定功率和单位功率因数条件下，为了减少对直流母线电容的冲击，直流母线电压参考给定为斜坡信号。

在网侧变流器系统仿真时，载波频率取 10kHz，PWM 变流器并网相电流、并网有功功率和无功功率、直流母线电压、网侧 d 轴电流和 q 轴电流的仿真波形如图 4 - 13 所示。在系统启动瞬间，由于机侧能量先反向流动后再正向流动，因此导致并网相电流在起始时刻的超调和波动比较大，不仅电流出现了双向流动的现象，有功功率也同样出现

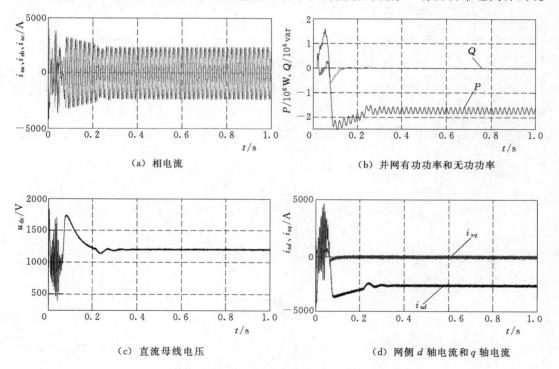

（a）相电流　　　　　　　　　　　　（b）并网有功功率和无功功率

（c）直流母线电压　　　　　　　　（d）网侧 d 轴电流和 q 轴电流

图 4 - 13　网侧仿真波形

了双向流动，但稳定后的相电流正弦性很好，有功功率在 1.72MW 上下波动，波动范围达 0.125MW，无功功率几乎为零，直流母线电压的稳定时间为 0.32s 左右，稳定前波动较大，超调也较大，但稳定后波动较小，波动范围不超过 10V。网侧 q 轴电流为 0，变流器运行在单位功率因数下。仿真结果表明了控制策略的正确性。

4.1.2 机侧控电压、网侧控功率控制策略研究

机侧控电压、网侧控功率控制策略中，发电机侧变流器控制发电机定子电压 U_s 和直流母线电压 u_{dc} 恒定，而网侧变流器分别控制流向电网的有功功率 P_g 和无功功率 Q_g，如图 4-14 所示，直驱永磁风力发电系统的控制包括两大部分：①桨距角控制系统；②功率变流器控制系统。

机侧变流器的控制策略通常有以下两种：

（1）发电机定子电压 U_s 设为额定值。它提供了一个发电机电压波动的鲁棒控制，它保持 U_s/u_{dc} 比率在一个合理和可控的范围，避免了变流器过压的危险和过速时变流器的饱和。这个控制策略的缺点是发电机的无功功率需求是变化的，这个变化的无功功率必须由功率变流器来传递，因此增加了功率变流器的额定容量。

（2）发电机无功功率设为零，表示定子电压可以变化，使得损耗和变流器的额定电流较小，但是可能引起定子绕组过压。

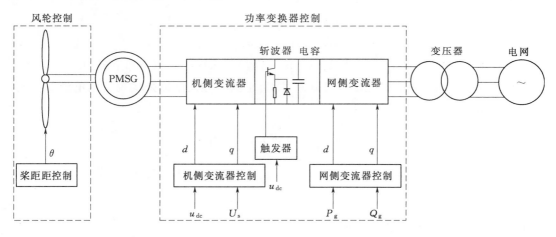

图 4-14 直驱永磁风力发电系统的控制结构

4.1.2.1 机侧变流器控制

在机侧控电压、网侧控功率控制策略中，机侧变流器控制发电机定子电压 U_s 和直流母线电压 u_{dc}。与传统的控制策略一样，仍然采用转子磁链定向控制策略，即将转子磁链方向定为同步旋转坐标系的 d 轴，则定子电压 U_s 用定子电流直轴分量 i_{sd} 来控制，直流电压 U_{dc} 通过定子电流的交轴分量 i_{sq} 来控制。机侧变流器电流控制器结构如图 4-15 所示。P_{md}、P_{mq} 分别为 d 轴电流控制器和 q 轴电流控制器的输出信号。

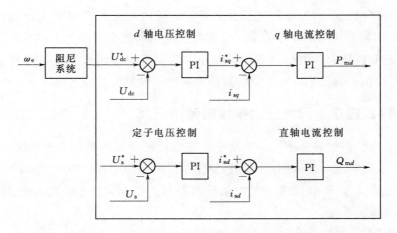

图 4 - 15　机侧变流器电流控制器结构图

根据上述分析，改写直驱永磁风力发电机的电流方程为

$$\begin{cases} L_{sd}\dfrac{\mathrm{d}i_{sd}}{\mathrm{d}t} = u_{sd} - R_a i_{sd} + \omega_e L_{sq} i_{sq} \\ L_{sq}\dfrac{\mathrm{d}i_{gq}}{\mathrm{d}t} = u_{sq} - R_a i_{sq} - \omega_e L_{sd} i_{sd} - E_s \end{cases} \tag{4-35}$$

直驱永磁风力发电机电流稳态控制方程为

$$\begin{cases} u_{sd} = R_a i_{sd} - \omega_e L_{sq} i_{sq} \\ u_{sq} = R_a i_{sq} + \omega_e L_{sd} i_{sd} + \omega_e \psi_f \end{cases} \tag{4-36}$$

若要提高系统的动态性能，使实际电流值能快速跟随参考值，可在式（4-36）中分别加入反馈控制量，反馈控制量可以通过 PI 比例积分控制器来实现，则电流的控制方程可表示为

$$\begin{cases} u_{sd} = R_s i_{sd} - \omega_e L_{sq} i_{sq} + K_P \varepsilon_{sd} + K_I \displaystyle\int \varepsilon_{sd}\,\mathrm{d}t \\ u_{sq} = R_s i_{sq} + \omega_e L_{sd} i_{sd} + \omega_e \psi_f + K_P \varepsilon_{sq} + K_I \displaystyle\int \varepsilon_{sq}\,\mathrm{d}t \end{cases} \tag{4-37}$$

其中
$$\varepsilon_{sd} = i_{sd}^* - i_{sd}, \quad \varepsilon_{sq} = i_{sq}^* - i_{sq}$$

式中　K_P——电流环的比例系数；

　　　K_I——电流环的积分系数；

　　　ε_{sd}——d 轴输入反馈误差；

　　　ε_{sq}——q 轴输入反馈误差。

机侧变流器控制结构如图 4 - 16 所示，其中直流母线电压环的输出作为转矩电流 i_{sq} 的给定量，而定子电压环的输出作为 d 轴电流 i_{sd} 的给定量，图中 $\omega_e t$ 为转子位置角。

为了避免出现定子绕组过压，定子电压被控制到额定值。直流母线电压也保持恒定，但是当系统需要电气阻尼时，可允许直流母线电压在小的范围内变化，此时直流母线电压被控制到由阻尼系统提供的参考值 U_{dc}^*。

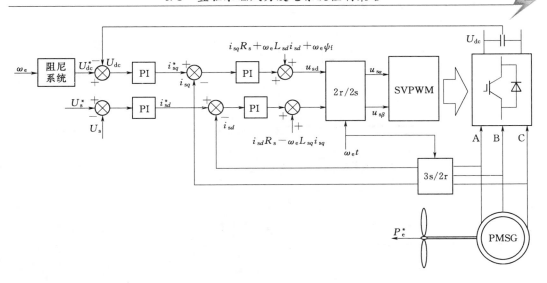

图 4-16　机侧变流器控制结构图

　　为了验证机侧 PWM 变流器控制策略的正确性，对机侧变流器控制系统进行了仿真。图 4-17 所示为机侧 PWM 变流器控制策略仿真模型。图 4-18 所示为使用机侧控电压、网侧控功率控制策略时的机侧仿真波形，包括发电机电磁转矩、发电机输出功率、发电机机械角速度、发电机定子电流、直流母线电压和 dq 轴电流仿真波形。从仿真结果可以看出，发电机电磁转矩、输出功率和定子电流不仅没有超调量，而且其响应速度也非常快；在机侧控电压、网侧控功率控制策略中，由于直流母线电压的调节在 PWM 变流器的机侧完成，因此发电机本身具有自动调节输出功率的能力，因此在保证机侧快速响应性的同时，还能提高机侧的动态性能，因此母线电压的超调量非常小。但需要指出的是，机侧控电压、网侧控功率控制策略在直流母线电压的稳定性方面与机侧控功率、网侧控电压控制策略相比要差些，转矩和功率的波动也稍大，因为发电机转矩脉动所产生的反电动势脉动使得母线电压稳定性变差，母线电压的波动经过 PI 调节器以后引起了转矩电流的波动，产生了转矩脉动；虽然如此，但稳态后的定子电流波形很好，说明使用机侧控电压、网侧控功率控制策略取得了良好的控制效果。

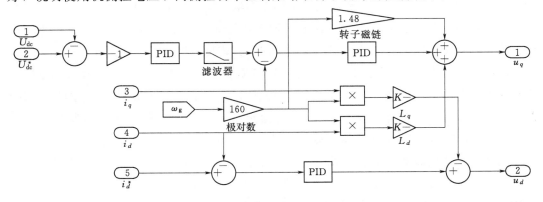

图 4-17　机侧 PWM 变流器控制策略仿真模型

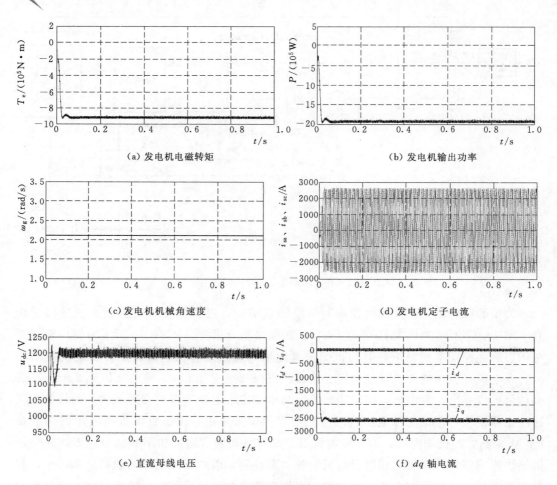

图 4-18　机侧仿真波形

4.1.2.2　网侧变流器控制

在机侧控电压、网侧控功率控制策略中，网侧变流器对流向电网的有功功率和无功功率实现解耦控制。当网侧变流器仍然采用电网电压定向矢量控制时，电网电压矢量与 d 轴重合，即所有的电压矢量全部落在 d 轴上，q 轴分量为 0。在 dq 轴坐标系下，网侧变流器相对于电网的有功功率和无功功率的计算式见式（4-34）。

电网有功功率 P_g 可以通过变流器的 d 轴电流分量 i_{gd} 来控制，有功功率环的输出作为有功电流分量 i_{gd} 的给定量，而无功功率 Q_g 可以通过变流器的 q 轴电流分量 i_{gq} 来控制，无功功率环的输出作为无功电流 i_{gq} 的给定量。网侧变流器电流控制器结构如图 4-19 所示。P_{md} 和 P_{mq} 分别表示 d 轴电流控制器和 q 轴电流控制器的输出信号。

网侧变流器电流的数学表达式见式（4-32）。网侧变流器控制系统框图如图 4-20 所示，电网有功功率参考值 P_g^* 是由如图 4-21（a）所示的速度-功率最大功率跟踪（MPPT）特性来决定的。运行在单位功率因数时，无功功率参考值 Q_g^* 一般设为零。

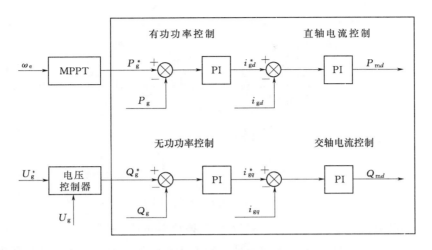

图 4-19　网侧变流器电流控制器结构图

然而，当电网电压受到干扰偏离它的额定值时，功率变流器必须对电网电压提供支持，无功功率参考值 Q_g^* 可以由图 4-21（b）所示的电压控制器来提供。

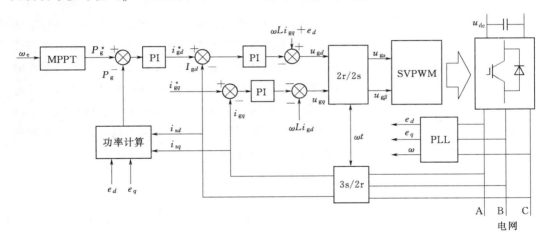

图 4-20　网侧变流器控制系统框图

图 4-21（b）所示的电压控制器是一个抗积分饱和的 PI 控制器，它可以将电网电压控制到额定值内。控制器的输入是测量所得到的实际电网电压 U_g 和额定电网电压 U_g^* 之间的误差信号。

在该控制策略中，考虑到发电机与风轮的功率调节在网侧变流器中实现，因此，与机侧控功率、网侧控母线电压控制策略不同的是，此处发电机的转速并不由风轮的输出功率决定，即转速是给定量。通过给定风力机或者发电机一个转速，使其输出与之对应的功率，再对该功率进行调节，就可以实现能量的有效传递。由于转速是一个给定值，风轮的转矩与输出功率也是固定的，但发电机的输出电功率为可调量，它可以根据并网功率的大小进行自我调节。实际运行时，如果风轮的转速不依靠发电机的调节来获取 MPPT 控制，

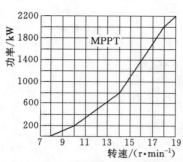

（a）速度-功率最大功率点跟踪特性

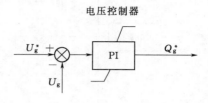

（b）电压控制器

图 4-21　最大功率点跟踪特性和电压控制器

则网侧变流器根据风轮输出功率的大小就可实现该功率的有效控制。

需要指出的是，网侧变流器采用的是电网电压定向矢量控制，为了能使风电机组正常运行，快速而准确地检测电网电压基波的正序分量大小和相位在变流器的控制策略设计中是至关重要的，通常在网侧变流器控制中采用锁相环（PLL）来实现网侧变流器与电网之间的同步，如图 4-20 所示。

为了对网侧 PWM 变流器控制策略的正确性进行验证，对网侧变流器系统进行了仿真。图 4-22 所示为网侧 PWM 变流器功率控制策略仿真模型。图 4-23 所示为网侧仿真波形，包括并网相电流、并网输出功率和网侧 dq 轴电流的仿真波形。在该控制策略中，网侧采用的功率环同样是阶跃给定，同样，在起始时刻给网侧的有功电流和无功电流带来一定的超调，但由于发电机对其功率的输出具有自我调节的能力，因此保证了网侧传输功率的要求，母线电压与并网相电流不仅超调量很小、收敛时间也很快，并网相电流波形也特别好，能很好地实现单位功率因数控制。

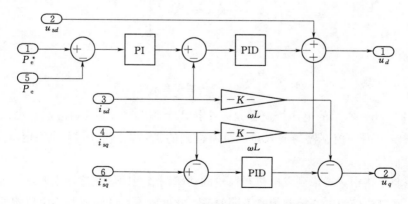

图 4-22　网侧 PWM 变流器功率控制策略仿真模型

4.1.3　两种控制策略对比分析

为了便于比较，将采用两种控制策略的控制系统的各项参数表示在表 4-3 中。表 4-4 对两种控制策略的优缺点进行了综合对比。

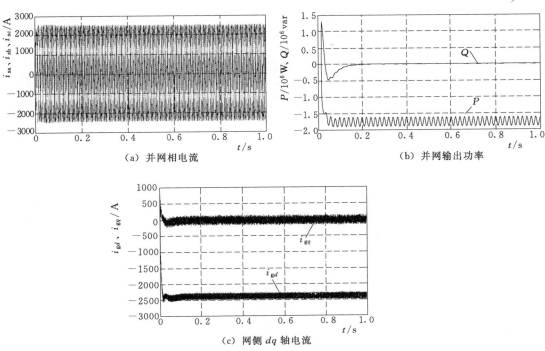

（a）并网相电流　　　　　　　　　　　　（b）并网输出功率

（c）网侧 dq 轴电流

图 4-23　网侧仿真波形

表 4-3　　　　　　　　　　　　　两种控制策略多项参数的综合对比

对　　比		控　制　策　略	
		机侧控功率、网侧母线 电压控制策略	机侧控电压、网侧控功 率控制策略
电磁转矩 T_e	收敛时间/s	0.32	0.08
	超调量/%	-218.27	0.5
	稳态后波动范围/W	$\pm 0.128 \times 10^5$	$\pm 0.28 \times 10^5$
发电机定子相电流 i_a、i_b、i_c	收敛时间/s	0.3	0.05
	超调量/%	16.85	2
	正弦性	非常好	非常好
母线电压 u_{dc}	收敛时间/s	0.32	0.06
	超调量/%	52.80	8.2
	稳态后波动范围/V	± 10	± 15
并网相电流 i_a、i_b、i_c	收敛时间/s	0.32	0.05
	超调量/%	78.22	3
	正弦性	非常好	非常好
并网功率 P	机侧/MW	2	1.945
	网侧/MW	1.7025	1.7625
	效率/%	85.13	90.62

表 4 - 4　　　　　　　　　　　**两种控制策略优缺点的综合对比**

对 比 量	控 制 策 略	
	机侧控功率、网侧母线电压控制策略	机侧控电压、网侧控功率控制策略
拓扑结构	简单	简单
系统收敛时间	较快	快
系统稳定性	好	较好
系统控制难度	较大	较大
并网质量	好	好
效率	一般	高
系统成本	高	高
适用范围	兆瓦级的大规模并网发电系统	兆瓦级的大规模并网发电系统

在系统起始瞬间，采用机侧控功率、网侧控母线电压控制策略各项参数的超调量均较大，但稳态后参数的波动范围较小，并网质量高，变流器成本较高，效率一般。采用机侧控电压、网侧控功率控制策略使系统的响应速度加快，动态特性很好，稳态后各项参数的性能也很优越，与机侧控功率、网侧控母线电压控制策略相比，虽然直流母线电压与机侧变流器的各项参数稳定性稍差，但其并网质量仍然很高，同时，效率较高，适用于兆瓦级的大规模并网发电系统。

4.2　电网故障下直驱永磁风力发电系统的控制策略

直驱永磁风力发电系统在电网出现故障情况下运行的控制目标为：①保持电网故障期间继续与电网相连，以防风电机组从电网中断开后在弱电网中引起更大的后续故障；②连续、稳定地向电网提供无功功率以帮助电网电压恢复，减小电网崩溃的可能性；③释放故障期间未送入电网的能量，将变流器电流限制在额定值内，避免损坏功率变流器和直流母线电容；④限制电磁转矩瞬态幅值在齿轮和转轴可承受的范围之内（约为额定转矩的 $2.0 \sim 2.5$ 倍）；⑤延缓发电机转速上升，防止飞车。

为了实现风力发电系统在电网故障下的控制目标，直驱永磁风力发电系统风电机组在故障运行下的控制包括两大部分：①变距距控制系统；②直驱永磁风力发电系统风电机组的保护和控制系统。

如前所述，直驱永磁风力发电系统有两种控制策略：一种是机侧控功率、网侧控母线电压控制策略；另一种是机侧控电压、网侧控功率控制策略。由于使用机侧控电压、网侧控功率控制策略时，若电网发生故障，机侧变流器可以不受影响地继续对发电机的定子电压和直流母线电压进行控制。因此，在没有采取任何措施的条件下，可使直驱永磁风力发电系统具有一定的故障穿越能力。

4.2.1 电网故障下直驱永磁风力发电系统的控制结构

电网故障期间的直驱永磁风力发电系统风轮控制是在直驱永磁风力发电系统风轮正常运行控制结构的基础上进行扩展而建立的，如图 4-24 所示。正常运行控制结构中只有电流环控制和功率环控制两级，在电网故障下加入了第三级控制，即考虑了振荡阻尼控制器和电压控制器的作用。变流器的控制可分为二级控制，第一级为电流内环控制级，第二级为功率外环控制级。变流器第二级控制器中，有功功率和无功功率设置点信号在很大程度上取决于风电机组正在运行的模式，即运行在正常或故障模式下。例如，在正常运行时，网侧变流器的有功功率参考点 P_g^* 由最大功率点跟踪（MPPT）查表得到。根据气动理论，对应于每个风轮速度，导致最大气动效率 C_p 的发电机速度只有一个。如果电网出现故障，发电机速度变化不是由于风速的改变引起的，而是由于电气转矩减小而引起的，则此时的有功功率设置点 P_g^* 必须与正常运行时有所不同，即将 P_g^* 定义为故障运行 PI 控制器的输出。当检测到故障时，有功功率设置点 P_g^* 将从正常运行（即 MPPT）定义值切换到故障运行定义值，如图 4-25 所示。

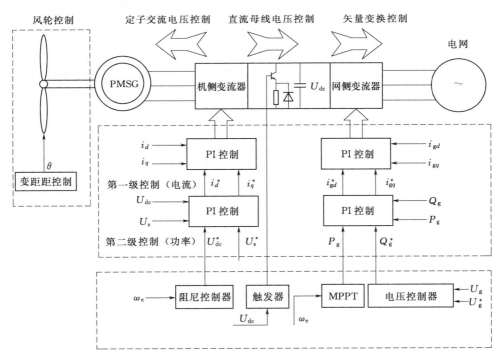

图 4-24 电网故障下直驱永磁风力发电系统的控制结构图

在电网出现故障时，PI 控制器根据实际发电机速度和它的参考值之间的偏差为网侧变流器控制环产生有功功率参考信号 P_g^*，速度参考由最佳速度曲线决定。

网侧变流器的无功功率参考点 Q_g^* 根据无功功率的需求而设为某一个值或零。在正常运行时，$Q_g^* = 0$。这意味着在正常运行时，网侧变流器只与电网交换有功功率，因

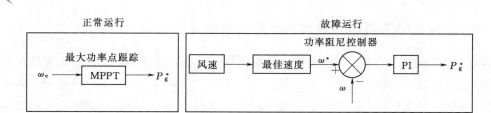

图 4 - 25　正常运行和故障运行时有功功率设置点确定

此，从直驱永磁风力发电系统传输到电网的功率是有功功率，无功功率不能通过变流器传递到电网。在电网出现故障时，为了使用功率变流器来支持电网电压，而将无功功率设定为某一值，即网侧变流器电压控制器的输出，如图 4 - 21 所示。

4.2.2　网侧变流器中的电流控制器

在电网电压跌落时，变流器的运行特性与其控制系统的结构密切相关，主要取决于电流控制环和电网同步化方法。大多数情况下的电压跌落是由短路故障而引起的。实际运行中发生的电网故障多为不对称故障，这些故障引起的电压跌落不仅有正序电压分量，也存在负序电压分量和零序电压分量，而在三线系统中可以忽略零序分量。因此，需要一个同时能处理正序电压分量和负序电压分量的控制器。

根据电网中常见的对称和不对称的两种故障类型，主要有以下两种控制网侧变流器的方法。

第一种是在对称的电网故障条件下，网侧变流器的运行类似于正常电网条件下的运行，变流器的电流控制只使用正序分量就可以获得良好的性能。唯一的差别在于由于电网电压下降，对变流器采取的限流保护措施会导致直流母线电压的升高。

第二种是在不对称的电网故障情况下，产生了负序电压分量，负序电压分量对网侧变流器的控制会带来严重的影响。在电网电压不对称条件下，通过选择高的采样频率可以获得正弦对称电流。然而，直流母线电压将会以两倍电网频率波动。反过来，控制直流母线电压不变，则会引起电网电流不对称。

在网侧变流器运行过程中，主要是降低直流母线电压的波动。因此，提出了不同的处理不对称电压的方法：首先采用相序分离法（SSM）将相电压分解成正序电压分量和负序电压分量，然后用正序电压分量或同时使用正序电压分量和负序电压分量去处理电网电压不对称的情况。

根据电网电压是否对称，网侧变流器中使用的电流控制器有以下情况：

第一种情况：只是使用正序同步参考坐标对有功、无功电流进行单独控制，如图 4 - 26 所示。这种情况适宜于电网电压对称的情况，称这种方法为负序电压分量控制（VCC）。

第二种情况：首先采用相序分离法（SSM）将不对称的电网电压分解成对称的正序分量和负序分量，然后将正序电压分量输入到正的参考坐标系中，负序电压分量直接

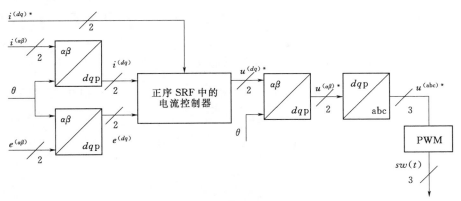

图 4 - 26 使用正参考坐标系的电流控制器

加到参考电压矢量上，如图 4 - 27 所示。这种方法称为负序电压分量前馈控制（VCCF），F 表示前馈。

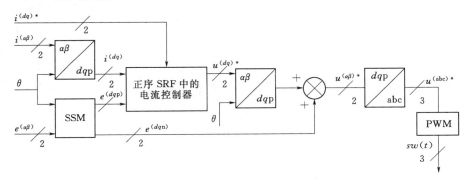

图 4 - 27 使用正参考坐标系和负序分量前馈控制的电流控制器

第三种情况：首先分别将电压和电流进行相序分离，然后在正、负序两个参考坐标系（dqp、dqn）中分别使用两个电流控制器，如图 4 - 28 所示。这种方法称为双电流环控制（DVCC）。

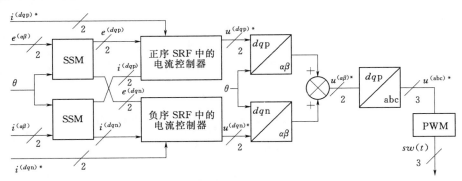

图 4 - 28 使用正、负序参考坐标系的双电流控制器

图 4 - 26～图 4 - 28 中，$sw(t)$ 为功率变流器的输出信号。

电流控制器的输入参考电流可以通过多种方式给定，下面几种是典型参考值给定方式。

1. 瞬态有功功率和无功功率（IARC）控制法

在三相系统中，瞬时有功功率 p 和无功功率 q 可以用电压矢量 $\dot{u}$ 和电流矢量 $\dot{i}$ 表示为

$$p = \dot{u} \cdot \dot{i} ; \quad q = |\dot{u} \cdot \dot{i}_q| = \dot{u}_\perp \cdot \dot{i}_q \tag{4-38}$$

$\dot{u}_\perp$ 表示领先电压矢量 $\dot{u}$ 90° 的一个矢量。向电网传递有功功率 P 和无功功率 Q 的有功电流和无功电流分别为

$$\dot{i}_p^* = \frac{P}{|\dot{u}|^2}\dot{u} ; \quad \dot{i}_q^* = \frac{Q}{|\dot{u}|^2}\dot{u}_\perp \tag{4-39}$$

2. 对称的正序分量（BPS）控制法

当注入电网的电流起决定性作用时，式（4-39）中的电压矢量可以用正序分量 $\dot{u}^+$ 来代替，这可以由 DSOGI-QSG-FLL 计算出来。电流参考值为

$$\dot{i}_p^* = \frac{P}{|\dot{u}^+|^2}\dot{u}^+ ; \quad \dot{i}_q^* = \frac{Q}{|\dot{u}^+|^2}\dot{u}_\perp^+ \tag{4-40}$$

假定注入变流器的电流能完全地跟踪参考电流，传递给电网的瞬态有功功率 p 和无功功率 q 与功率参考 P 和 Q 存在差值，因为注入电流 $\dot{i}^* = \dot{i}_p^* + \dot{i}_q^*$ 与负序电网电压相互作用，即

$$p = \dot{u}\dot{i}^* = \underbrace{\dot{u}^+ \dot{i}_p^*}_{P} + \underbrace{\dot{u}^- (\dot{i}_p^* + \dot{i}_q^*)}_{\bar{p}} \tag{4-41}$$

$$q = \dot{u}_\perp \dot{i}^* = \underbrace{\dot{u}_\perp^+ \dot{i}_q^*}_{Q} + \underbrace{\dot{u}_\perp^- (\dot{i}_p^* + \dot{i}_q^*)}_{\bar{q}} \tag{4-42}$$

3. 正负序补偿（PNSC）控制

假定在电网故障期间，注入电网的电流是不对称的，但是没有畸变，即 $\dot{i} = \dot{i}^+ + \dot{i}^-$，传递到电网的瞬态功率为

$$p = \dot{u}\dot{i} = \dot{u}^+ \dot{i}^+ + \dot{u}^- \dot{i}^- + \dot{u}^+ \dot{i}^- + \dot{u}^- \dot{i}^+ \tag{4-43}$$

$$q = \dot{u}_\perp \dot{i} = \dot{u}_\perp^+ \dot{i}^+ + \dot{u}_\perp^- \dot{i}^- + \dot{u}_\perp^+ \dot{i}^- + \dot{u}_\perp^- \dot{i}^+ \tag{4-44}$$

根据对式（4-43）、式（4-44）施加如式（4-45）、式（4-46）所示的下列条件

$$\dot{u}^+ \dot{i}_p^{+*} + \dot{u}^- \dot{i}_p^{*-} = P ; \quad \dot{u}^+ \dot{i}_p^{*+} + \dot{u}^- \dot{i}_p^{*+} = 0 \tag{4-45}$$

$$\dot{u}_\perp^+ \dot{i}_p^{*+} + \dot{u}_\perp^- \dot{i}_p^{*-} = Q ; \quad \dot{u}_\perp^+ \dot{i}_p^{*-} + \dot{u}_\perp^- \dot{i}_p^{*+} = 0 \tag{4-46}$$

可以计算出有功和无功参考电流为

$$\dot{i}_p^* = \frac{P}{|\dot{u}^+|^2 - |\dot{u}^-|^2}(\dot{u}^+ - \dot{u}^-) \tag{4-47}$$

$$\dot{i}_q^* = \frac{Q}{|\dot{u}^+|^2 - |\dot{u}^-|^2}(\dot{u}_\perp^+ - \dot{u}_\perp^-) \tag{4-48}$$

若在不对称电网中注入式（4-47）和式（4-48）所示的电流，则瞬态功率与功率参考值不同，因为不同相序和不同方向的电压矢量与电流矢量存在相互作用，即

$$p = \dot{u}(\dot{i}_p^* + \dot{i}_q^*) = \underbrace{\dot{u}^+ \dot{i}_p^{*+} + \dot{u}^- \dot{i}_p^{*-}}_{P} + \underbrace{\dot{u}^+ \dot{i}_q^{*-} + \dot{u}^- \dot{i}_q^{*+}}_{\tilde{p}} \quad (4-49)$$

$$q = \dot{u}_\perp(\dot{i}_p^* + \dot{i}_q^*) = \underbrace{\dot{u}_\perp^+ \dot{i}_q^{*+} + \dot{u}_\perp^- \dot{i}_q^{*-}}_{Q} + \underbrace{\dot{u}_\perp^- \dot{i}_p^{*-} + \dot{u}_\perp^- \dot{i}_p^{*+}}_{\tilde{q}} \quad (4-50)$$

为了比较三种电流控制器在电网电压不对称时对系统性能的影响，运用 Matlab/Simulink 工具箱进行了模拟仿真。

网侧变流器系统仿真参数与 4.1.1.2 中所用参数相同。在网侧三相电压不对称条件下，当网侧变流器采用正参考坐标系和负序电压分量前馈控制（VCCF）的控制策略时所得电网电压不对称时的仿真结果如图 4-29 所示，由于使用正参考坐标系的电流控制器和使用正参考坐标系和负序分量前馈控制的电流控制器得到的波形图相似，所以在这里没有给出。由图 4-29 可以看出：在 VCCF 控制策略中，由于没有考虑负序电流的影响，没有对负序电流采取抑制措施，因此在网侧电流波形中产生了高次谐波分量。同时，也导致了有功功率的波动，继而在直流侧电压中产生了二次谐波分量。

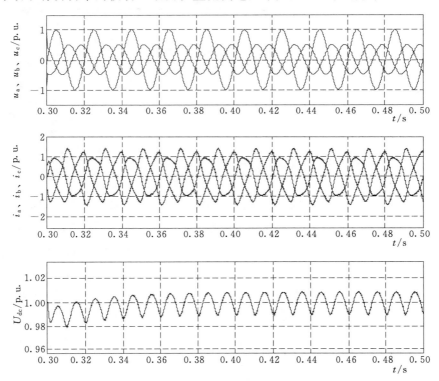

图 4-29　电网不对称时采用 VCCF 的仿真波形

图 4-30 所示为在正、负序旋转坐标系下电网电压不对称时采用双电流环控制（DVCC）的仿真波形。由图 4-30 可以看出：因为 DVCC 同时考虑了正序电压分量和负序电压分量的影响，通过在正序旋转坐标系下调节正序电流和在负序旋转坐标系下调

节负序电流，有效地抑制了三相不对称电压中的负序电流对直流母线电压稳定性的影响，因而能保持直流母线电压的恒定。

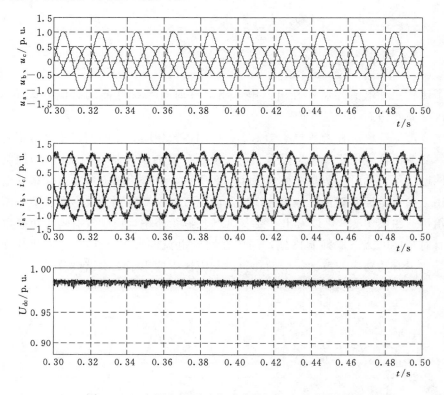

图 4-30 电网电压不对称时采用 DVCC 的仿真波形

4.2.3 不对称电压下直流母线电压的控制机理

电流环控制存在延迟性，机侧变流器和网侧变流器的直流电流不可能相等，也就是说在没有电网故障的情况下运行时，其直流侧电容上的电压也会有波动。直流环电压的稳定与否关系到整个风力发电系统的安全与稳定。因此一般要将直流母线电压稳定在一定的水平上，稍有波纹。

当电网发生不对称故障时，如果继续采用传统的机侧控功率、网侧控母线电压控制，不对称的电网电压对网侧变流器的性能将会带来很大的影响，不仅表现为网侧负序电流，而且直流母线电压将会以 2 倍工频大幅波动，将威胁到整个系统的运行安全。因此要消除网侧负序电流和直流侧偶数次纹波的影响，采用的技术有两大类：抑制交流侧负序电流的控制技术和抑制直流侧电压波动的控制技术。为此要将电压和电流分解成正序和负序分量。

考虑三相电网电压不对称，则可将电网电压 $\dot{u}$ 表示成为正序电压 $\dot{u}^{\mathrm{P}}$、负序电压 $\dot{u}^{\mathrm{N}}$ 和零序电压 $\dot{u}^{0}$ 三者之和，即

$$\dot{u} = \dot{u}^{\mathrm{P}} + \dot{u}^{\mathrm{N}} + \dot{u}^{0} \qquad (4-51)$$

为了分析直流母线电压的控制机理，改进网侧变流器的等值电路图，如图 4-31 所示。在无中线的三相变流器中，可不考虑零序电压的作用，令 $\dot{u}^{0}=0$。在 dq 坐标系内电网不对称电动势 $\dot{e}_{\mathrm{a}}$、$\dot{e}_{\mathrm{b}}$、$\dot{e}_{\mathrm{c}}$ 可表示成

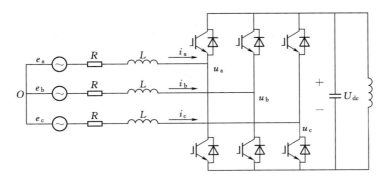

图 4-31　网侧 PWM 变流器等值电路图

$$\dot{e}_{dqs} = \dot{e}_{dq}^{\mathrm{P}} \mathrm{e}^{\mathrm{j}\omega t} + \dot{e}_{dq}^{\mathrm{N}} \mathrm{e}^{-\mathrm{j}\omega t} \qquad (4-52)$$

式中　$\dot{e}_{dqs}$——电网不对称电动势复矢量，$\dot{e}_{dqs}=2/3(\dot{e}_{\mathrm{a}}+\dot{e}_{\mathrm{b}}\mathrm{e}^{\mathrm{j}2\pi/3}+\dot{e}_{\mathrm{c}}\mathrm{e}^{-\mathrm{j}2\pi/3})$；

$\dot{e}_{dq}^{\mathrm{P}}\mathrm{e}^{\mathrm{j}\omega t}$——逆时针旋转的电网电动势正序分量，$\dot{e}_{dq}^{\mathrm{P}}=\dot{e}_{d}^{\mathrm{P}}+\mathrm{j}\dot{e}_{q}^{\mathrm{P}}$；

$\dot{e}_{dq}^{\mathrm{N}}\mathrm{e}^{-\mathrm{j}\omega t}$——顺时针旋转的电网电动势的负序分量，$\dot{e}_{dq}^{\mathrm{N}}=\dot{e}_{d}^{\mathrm{N}}+\mathrm{j}\dot{e}_{q}^{\mathrm{N}}$。

根据图 4-31 所示的网侧变流器拓扑结构，将不对称电网电压分解成正序、负序分量，网侧变流器在正序、负序旋转坐标系下的数学模型为

$$\begin{cases} L\dfrac{\mathrm{d}i_{gd}^{\mathrm{P}}}{\mathrm{d}t} = -Ri_{gd}^{\mathrm{P}} + \omega L i_{gq}^{\mathrm{P}} + e_{d}^{\mathrm{P}} - u_{gd}^{\mathrm{P}} \\[2mm] L\dfrac{\mathrm{d}i_{gq}^{\mathrm{P}}}{\mathrm{d}t} = -Ri_{gq}^{\mathrm{P}} - \omega L i_{gd}^{\mathrm{P}} + e_{q}^{\mathrm{P}} - u_{gq}^{\mathrm{P}} \\[2mm] L\dfrac{\mathrm{d}i_{gd}^{\mathrm{N}}}{\mathrm{d}t} = -Ri_{gd}^{\mathrm{N}} - \omega L i_{gq}^{\mathrm{N}} + e_{d}^{\mathrm{N}} - u_{gd}^{\mathrm{N}} \\[2mm] L\dfrac{\mathrm{d}i_{gq}^{\mathrm{N}}}{\mathrm{d}t} = -Ri_{gq}^{\mathrm{N}} + \omega L i_{gd}^{\mathrm{N}} + e_{q}^{\mathrm{N}} - u_{gq}^{\mathrm{N}} \end{cases} \qquad (4-53)$$

$$u_{dq}^{K} = u_{gd}^{K} + \mathrm{j}u_{gq}^{K}$$
$$i_{dq}^{K} = i_{gd}^{K} + \mathrm{j}i_{gq}^{K}$$
$$e_{dq}^{K} = e_{d}^{K} + \mathrm{j}e_{q}^{K}$$

式中　u_{dq}^{K}——交流侧电压的 d 轴、q 轴分量，$K=\mathrm{P}$ 或 N；

i_{dq}^{K}——交流侧电流的 d 轴、q 轴分量，$K=\mathrm{P}$ 或 N；

e_{dq}^{K}——电网电动势的 d 轴、q 轴分量，$K=\mathrm{P}$ 或 N。

系统的视在功率为

$$S = e_{dq}i_{dq} = (e_{dq}^{\mathrm{P}}\mathrm{e}^{\mathrm{j}\omega t} + e_{dq}^{\mathrm{N}}\mathrm{e}^{-\mathrm{j}\omega t})(i_{dq}^{\mathrm{P}}\mathrm{e}^{\mathrm{j}\omega t} + i_{dq}^{\mathrm{N}}\mathrm{e}^{-\mathrm{j}\omega t}) \qquad (4-54)$$

得到有功功率 P 和无功功率 Q 分别为

$$\begin{cases} P(t) = P_0 + P_{c2}\cos(2\omega t) + P_{s2}\sin(2\omega t) \\ Q(t) = Q_0 + Q_{c2}\cos(2\omega t) + Q_{s2}\sin(2\omega t) \end{cases} \tag{4-55}$$

式中　P_0、Q_0——网侧变流器有功功率和无功功率的直流分量；

　　　P_{c2}、Q_{c2}——网侧变流器二次谐波有功功率和无功功率余弦最大值；

　　　P_{s2}、Q_{s2}——网侧变流器二次谐波有功功率和无功功率正弦最大值。

由式（4-55）可以看出电网电压不对称时，网侧变流器瞬时有功功率和无功功率均含有二次谐波分量，即

$$\begin{cases} P_0 = 1.5(e_d^P i_{gd}^P + e_q^P i_{gq}^P + e_d^N i_{gd}^N + e_q^N i_{gq}^N) \\ P_{c2} = 1.5(e_d^P i_{gd}^N + e_q^P i_{gq}^N + e_d^N i_{gd}^P + e_q^N i_{gq}^P) \\ P_{s2} = 1.5(e_q^N i_{gd}^P - e_d^N i_{gq}^P - e_q^P i_{gd}^N + e_d^P i_{gq}^N) \\ Q_0 = 1.5(e_q^P i_{gd}^P - e_d^P i_{gq}^P + e_q^N i_{gd}^N - e_d^N i_{gq}^N) \\ Q_{c2} = 1.5(e_q^P i_{gd}^N - e_d^P i_{gq}^N + e_q^N i_{gd}^P - e_d^N i_{gq}^P) \\ Q_{s2} = 1.5(e_d^N i_{gd}^P - e_q^N i_{gq}^P - e_d^P i_{gd}^N - e_q^N i_{gq}^N) \end{cases} \tag{4-56}$$

由于方程式（4-56）不满秩，因此只需选取四个功率变量进行控制。因为输入电网的有功功率与直流母线电压有关，因此可选择平均功率 P_0^*、Q_0^*、瞬时有功功率 P_{c2}^* 和 P_{s2}^* 来计算交流指令电流 i_{gd}^{P*}、i_{gq}^{P*}、i_{gd}^{N*}、i_{gq}^{N*}，则可将式（4-56）转换成

$$\begin{bmatrix} P_0 \\ Q_0 \\ P_{c2} \\ P_{s2} \end{bmatrix} = \frac{3}{2}\begin{bmatrix} e_d^P & e_q^P & e_d^N & e_q^N \\ e_q^P & -e_d^P & e_q^N & -e_d^N \\ e_q^N & -e_d^N & -e_q^P & e_d^P \\ e_d^N & e_q^N & e_d^P & e_q^P \end{bmatrix}\begin{bmatrix} i_{gd}^P \\ i_{gq}^P \\ i_{gd}^N \\ i_{gq}^N \end{bmatrix} \tag{4-57}$$

电流指令计算式为

$$\begin{bmatrix} i_{gd}^{P*} \\ i_{gq}^{P*} \\ i_{gd}^{N*} \\ i_{gq}^{N*} \end{bmatrix} = \frac{2}{3}\begin{bmatrix} e_d^P & e_q^P & e_d^N & e_q^N \\ e_q^P & -e_d^P & e_q^N & -e_d^N \\ e_q^N & -e_d^N & -e_q^P & e_d^P \\ e_d^N & e_q^N & e_d^P & e_q^P \end{bmatrix}\begin{bmatrix} P_0^* \\ Q_0^* \\ P_{c2}^* \\ P_{s2}^* \end{bmatrix} \tag{4-58}$$

为了抑制直流母线电压中的二次谐波分量，必须控制瞬时有功功率的二次谐波分量 P_{c2}、P_{s2}，即令 $P_{c2}^* = 0$，$P_{s2}^* = 0$。另外，为了使系统运行在单位功率因数，必须控制无功直流分量 Q_0，即令 $Q_0^* = 0$。故有 $P_{c2}^* = P_{s2}^* = Q_0^* = 0$，PI 控制器的输出只有一个非零系数 P_0^*。

将 $P_{c2}^* = P_{s2}^* = Q_0^* = 0$ 代入式（4-58）可得到抑制网侧变流器直流电压波动时的电流指令为

$$\begin{bmatrix} i_{gd}^{P*} \\ i_{gq}^{P*} \\ i_{gd}^{N*} \\ i_{gq}^{N*} \end{bmatrix} = \frac{2}{3}\begin{bmatrix} e_d^P & e_q^P & e_d^N & e_q^N \\ e_q^P & -e_d^P & e_q^N & -e_d^N \\ e_q^N & -e_d^N & -e_q^P & e_d^P \\ e_d^N & e_q^N & e_d^P & e_q^P \end{bmatrix}^{-1}\begin{bmatrix} P_0^* \\ 0 \\ 0 \\ 0 \end{bmatrix} = \frac{2P_0^*}{3D}\begin{bmatrix} e_d^P \\ e_q^P \\ -e_d^N \\ -e_q^N \end{bmatrix} \tag{4-59}$$

其中
$$D = \left[(e_d^P)^2 + (e_q^P)^2\right] - \left[(e_d^N)^2 + (e_q^N)^2\right] \neq 0$$

由式（4-53）可以看出，网侧变流器正、负序电流的 d 轴、q 轴分量之间存在互相耦合，要消除耦合现象，可以采用在正、负序旋转坐标系使用双电流控制环来实现。同时对于电流给定 i_{gd}^{P*}、i_{gq}^{P*}、i_{gd}^{N*}、i_{gq}^{N*}，可分别采用正、负序前馈控制。正序电流内环的前馈解耦算法为

$$\begin{cases} u_{gd}^{P*} = e_d^P - \left(K_{IP} + \dfrac{K_{II}}{s}\right)(i_{gd}^{P*} - i_{gd}^P) + \omega L i_{gq}^P \\[3mm] u_{gq}^{P*} = e_q^P - \left(K_{IP} + \dfrac{K_{II}}{s}\right)(i_{gq}^{P*} - i_{gq}^P) - \omega L i_{gd}^P \end{cases} \tag{4-60}$$

相应的负序电流内环前馈解耦算法为

$$\begin{cases} u_{gd}^{N*} = e_d^N - \left(K_{IP} + \dfrac{K_{II}}{s}\right)(i_{gd}^{N*} - i_{gd}^N) - \omega L i_{gq}^N \\[3mm] u_{gq}^{N*} = e_q^N - \left(K_{IP} + \dfrac{K_{II}}{s}\right)(i_{gq}^{N*} - i_{gq}^N) + \omega L i_{gd}^N \end{cases} \tag{4-61}$$

式中　K_{IP}——电流内环 PI 调节器的比例系数；

　　　　K_{II}——积分增益系数。

电流调节器为 PI 调节器。

将式（4-60）和式（4-61）代入式（4-53）可得电流内环闭环传递函数为

$$G_{ci}(s) = \frac{i_{gd}^P(s)}{i_{gd}^{P*}(s)} = \frac{i_{gq}^P(s)}{i_{gq}^{P*}(s)} = -\frac{K_{IP}s + K_{II}}{Ls^2 + (R + K_{IP})s + K_{II}} \tag{4-62}$$

由式（4-62）可知，电流内环的闭环极点可以通过改变比例、积分增益系数 K_{IP}、K_{II} 来选择，K_{IP}、K_{II} 与电流内环的自然谐振频率 ω_{ni}，以及电流内环的阻尼比 ζ_i 关系为

$$\begin{cases} K_{IP} = 2\zeta_i \omega_{ni} L - R \\ K_{II} = \omega_{ni}^2 L \end{cases} \tag{4-63}$$

因此根据系统的设计要求，确定 ζ_i 和 ω_{ni} 后，就可以很容易地根据式（4-63）来确定电流内环 PI 调节器的参数 K_{IP}、K_{II}。

由于 P_0^* 表示网侧变流器平均有功功率参考值，与直流母线电压有关。当直流电压环采用 PI 调节时，网侧变流器直流电流参考值为

$$i_{dc}^* = \left(K_{VP} + \frac{K_{VI}}{s}\right)(U_{dc}^* - U_{dc}) \tag{4-64}$$

式中　K_{VP}、K_{VI}——电压外环 PI 调节器的比例和积分增益系数。

由式（4-62）和电压外环控制框图可得电压外环闭环传递函数为

$$G_{cu}(s) = \frac{\dfrac{K_{VP} k_g U_{dc}^* s}{C} + \dfrac{K_{VI} k_g U_{dc}^*}{C}}{s^2 + \dfrac{K_{VP} k_g U_{dc}^* s}{C} + \dfrac{K_{VI} k_g U_{dc}^*}{C}} \tag{4-65}$$

$$k_g = \frac{1}{U_{dc}}$$

其中，K_{VP}、K_{VI} 与电压外环阻尼比 ζ_u 和电压外环自然谐振频率 ω_{nu} 的关系为

$$\begin{cases} K_{VP} = \dfrac{2\zeta_u \omega_{nu} C}{k_g U_{dc}^*} = \dfrac{2\zeta_u \omega_{nu} C U_{dc}}{U_{dc}^*} \\[3mm] K_{VI} = \dfrac{\omega_{nu}^2 C}{k_g U_{dc}^*} = \dfrac{\omega_{nu}^2 C U_{dc}}{U_{dc}^*} \end{cases} \quad (4-66)$$

根据系统的设计要求，确定 ζ_u 和 ω_{nu} 后，就可以很容易地根据式（4-66）确定电压外环 PI 调节器的比例和积分增益系数 K_{VP}、K_{VI}。

网侧变流器平均有功功率参考为

$$P_0^* = U_{dc}^* I_{dc}^* \quad (4-67)$$

然后，将式（4-67）代入式（4-59）可得交流电流参考值 i_{gd}^{P*}、i_{gq}^{P*}、i_{gd}^{N*}、i_{gq}^{N*}，进一步可由正序、负序双电流调节器得到相应的变流器交流输入电压参考值 u_{gd}^{P*}、u_{gq}^{P*}、u_{gd}^{N*}、u_{gq}^{N*}，最后可以得到变流器交流侧参考电压在三相静止坐标下的空间矢量为

$$u^* = (u_{gd}^{P*} + j u_{gq}^{P*}) e^{j\omega t} + (u_{gd}^{N*} + j u_{gq}^{N*}) e^{-j\omega t} \quad (4-68)$$

由交流侧参考电压空间矢量 u^* 可以得到控制变流器的 SVPWM 开关信号，根据 SVPWM 开关信号对变流器进行矢量调制，使网侧变流器运行在单位功率因数下，并且使直流电压输出稳定。

图 4-32 所示为使用双电流环控制。直驱永磁风力发电系统在电网电压不对称时所采用的控制系统结构图，可以用它来抑制直流侧电压二次谐波分量。这个控制系统结构图也是直驱永磁风力发电系统中网侧变流器在正序、负序旋转坐标系下双电流环控制框图。

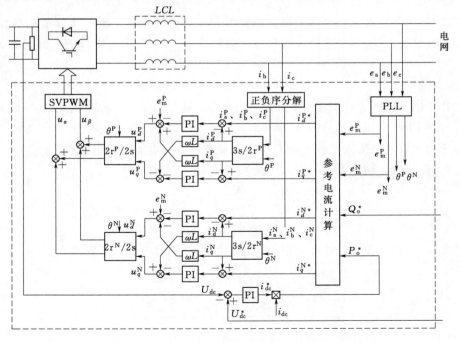

图 4-32　使用双电流环控制的直驱永磁风力发电系统在电
网电压不对称时所采用的控制系统结构图

在利用锁相环将不对称电压分解成正序、负序分量后，利用前面介绍的正序、负序参考坐标系的双电流控制器对正序电流和负序电流进行单独控制。图4-32中直流电压控制器使用一个比例积分（PI）调节器去消除直流参考电压U_{dc}^*和实际直流电压U_{dc}的偏差。

为了验证机侧控电压、网侧控功率在不对称电网故障下的控制能力，运用Matlab/Simulink工具箱，对直驱永磁风电机组在电网发生不对称故障时的运行情况进行了仿真。电网发生不对称故障时的仿真模型如图4-33所示，假定在电网连接点（PCC）处发生了两相短路接地故障，采用Matlab/Simulink工具箱中的Three-Phase Fault模块来对两相短路故障进行模拟。拟采用在直流环节增加斩波器来释放多余能量的保护控制策略，设直流母线电压的最大值U_{dc_max}为1.1p.u.，耗能电阻$R=1\Omega$。

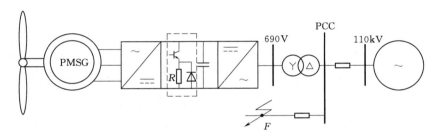

图4-33　电网发生不对称故障时的仿真模型

图4-34所示为在0.04s时刻在F点发生两相短路故障时的仿真波形，包括网侧相

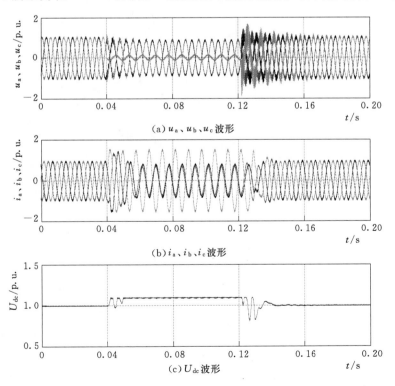

(a) u_a、u_b、u_c波形

(b) i_a、i_b、i_c波形

(c) U_{dc}波形

图4-34　电网发生两相短路接地故障时的仿真波形

电压、相电流和直流母线电压的仿真波形。从图 4 - 34 中可以看出，电网发生两相短路故障时，网侧相电压出现了不对称跌落，电网电压出现了不对称分量，并伴有相位突变，但通过采用前述控制策略，电压跌落和相位突变并未对直流侧母线电压造成影响，故障持续时间 100ms 后，直流母线电压恢复稳定，仿真时间为 200ms。结果表明：在采用机侧控电压、网侧控功率控制策略后，系统响应速度加快了，提高了系统的动态性能。同时，在直流侧增加了斩波器和耗能量回路，对电网故障引起的直流侧瞬时过电压进行了控制，将直流侧电压控制在 1.1p.u. 范围内，并且在故障清除后快速恢复到了额定值。

4.3 实验研究

为了验证提出的两种控制策略的效果，进行了实验研究，直驱永磁风力发电系统变流器控制系统实验模拟平台如图 4 - 35 所示。整个实验模拟平台由主电路和控制电路所组成，主电路主要包括用于模拟风力机的直流电动机及其加载系统、直驱永磁风力发电机、双 PWM 功率变流器、电抗器和可调变压器等设备。其中 PWM 单元电路集成了 IGBT 功率模块、直流母线电容、吸收电容与电流传感器，具有很高的通用性。变流器控制系统包括双 PWM 功率变流器控制电路、PC 机（作为主机）及一些通

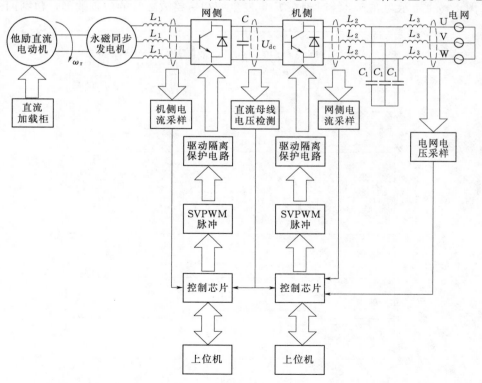

图 4 - 35 直驱永磁风力发电系统变流器控制系统的实验模拟平台

信、人机接口等。双 PWM 功率变流器及其控制电路是整个实验模拟平台的关键部分。

4.3.1 实验控制系统硬件

由图 4-35 可以看出，机侧和网侧变流器控制单元在功能和结构上是相互独立的，由于采用的是背靠背的双 PWM 结构，两个变流器单元控制电路结构基本上相同，都是由 DSP 芯片电路及其扩展的输入输出电路、控制电源电路、信号采集电路、IGBT 驱动电路组成，外加一个采用 485 通信协议的触摸屏作为人机接口，以此来实现上位机与下位机的通信。机侧和网侧变流控制器均采用 TMS320F2808 作为主控芯片用于实现控制算法并产生驱动变流器开关的脉冲信号，同时对过流保护、过压保护和模块故障等进行处理。

4.3.1.1 DSP 芯片电路

DSP 芯片电路为实现 DSP 功能所需的外围辅助电路，它完成的功能包括工作电源的转换、采样信号的调理、逻辑控制信号的处理、PWM 脉冲信号的一级放大、保护、硬件复位、485 及 CAN 通信、数模输出转换、JTAG 仿真接口和外部扩展 RAM 等。因此 DSP 控制芯片是整个控制系统的核心，如图 4-36 所示。在本实验系统中，TMS320F2808 芯片仅外扩了程序存储器，数据存储器依然是采用片内 RAM。

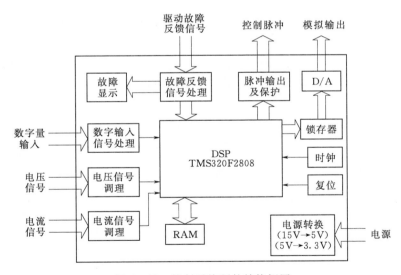

图 4-36 控制系统硬件结构框图

4.3.1.2 电源转换单元

变流器控制系统中芯片要求的电源电压大小不相同，有的芯片需要 5V 电源，有的需要 3.3V（如 DSP 的供电电压），因此需要将 ±15V 的电压输入分别转换为 5V 和 3.3V。

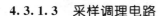

4.3.1.3　采样调理电路

DSP 的 AD 输入信号为 0～3V 的直流量，使用采样调理电路对输入的交流电压和电流信号进行滤波并做相应的比例调整，使其适合模拟数字转换通道的输入。

在双 PWM 变流器控制系统中，除了 PWM 单元电路内集成了电流传感器以外，电网电压、变流器电流以及直流母线电压均需通过采样电路进行采集。由于电流传感器输出的是电流信号，故还需要在采样电路上将其转换成电压信号。霍尔传感器的电压或电流输出信号为 −10～10V、0～20mA，为了适应 DSP 对 AD 输入信号为 0～3V 直流量的要求，可通过采样调理电路来完成。

4.3.1.4　脉冲发生和保护电路

脉冲发生时一定要设置死区以防止主电路开关贯穿导通引起短路，以至于烧坏功率元器件。死区设置分为硬件死区设置和软件死区设置。硬件死区设置在外围电路设计时完成，软件死区设置在配置 ePWM 功能寄存器时完成。

保护电路有过压保护、过流保护等。其中过压保护功能在软件运行时实现；过流保护功能在外围保护电路中实现。

4.3.1.5　驱动电路

变流器电力电子开关器件 IGBT 的驱动采用与 IGBT 模块配套的带变压器隔离的

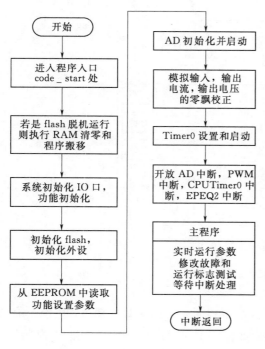

图 4-37　主程序流程图

2SD315AI 驱动芯片，该芯片内部集成了过流与短路保护电路、欠压监测电路。芯片的驱动电压为 15V，故 PWM 脉冲信号在经过 DSP 芯片电路的一级放大后，还要进行二级隔离放大，同时，驱动芯片的故障信号需要回馈给 DSP 控制芯片，故障清除后，需要接受 DSP 的复位信号。另外，为了防止 IGBT 器件上下桥臂直通，还需要设置硬件死区等。

4.3.2　实验控制系统软件设计

直驱永磁风电控制系统软件设计的主程序流程图如图 4-37 所示。其中 DSP 是功率变流器控制电路的核心部分。

DSP 控制器所完成的功能包括对变流器的驱动、对测量的数据进行采样和调理、对故障信号进行处理等。这些都是通过中断子程序来实现的，主要有数模转换（ADC）中断子程序——用于 AD 数据转换；PWM 周期中断子程序——生成驱动 PWM 变流器的控制脉冲；和 1ms 定时中断子程序——用做管理程序定时控制。中断优先级别的顺序分别是 AD 中断、PWM 周期中断和 1ms 定时中断。

根据前面的分析，可以得到采用机侧控功率、网侧控母线电压控制策略的直驱永磁风力发电系统网侧与机侧变流器程序流程图，分别如图 4-38 和图 4-39 所示，机侧控电压、网侧控功率控制策略的程序流程图也可以相应得出。

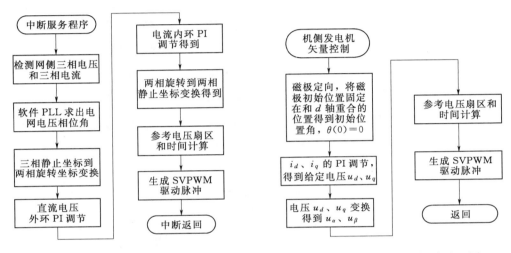

图 4-38　网侧变流器程序流程图　　　　图 4-39　机侧变流器程序流程图

4.3.3　实验结果分析

为了验证机侧控功率、网侧控母线电压控制策略，建立了直驱永磁风力发电机组实验模拟平台，其中所采用的直驱永磁风力发电机的额定功率为 7.5kW，额定电压为 380V，发电机的额定频率为 50Hz，极数为 4，定子每相电阻为 2.655Ω，定子每相漏感为 8.718mH，转子磁链为 0.804Wb。直流电机的额定电压为 440V，额定电流为 18A，额定转速为 2960r/min。变流器的直流母线电压为 600V，额定电流为 15A，选用 1200V、75A、型号为 FS75R12KE3G 的 IGBT。

在机侧控功率、网侧控母线电压控制策略中，首先通过可调变压器将输出线电压调至 270V，启动网侧变流器工作于整流状态，将直流电动机拖动直驱永磁风力发电机至额定转速 1500r/min，然后再并上机侧变流器。由于并网功率通过机侧变流器进行控制，因此，通过给定机侧变流器功率就可以有效地调节并网的有功功率和无功功率，由于受到直流加载柜转矩输出条件的限制，网侧输出有功功率仅约为 1.58kW，并网相电流最大输出约为 3.5A，网侧线电压和网侧相电流的实验波形如图 4-40 所示。为了使实验与仿真保持一致，也采用了单位功率因数的控制方式。

在机侧控电压、网侧控功率控制策略中，直流母线电压的稳定是通过控制机侧变流

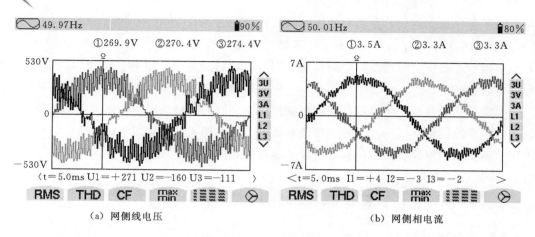

(a) 网侧线电压　　　　　　　　　　　(b) 网侧相电流

图 4-40　机侧控功率、网侧控母线电压控制策略在电机额定转速下的网侧波形图

器来实现的，故在直流机拖动直驱永磁风力发电机至额定转速 1500r/min 后，再启动机侧变流器工作在整流状态，然后再并上网侧变流器，并通过给定网侧功率来调节并网输入功率，此时并网发电功率约为 1.88kW，并网相电流约为 3.8A，得到网侧线电压和网侧相电流的实验波形如图 4-41 所示。

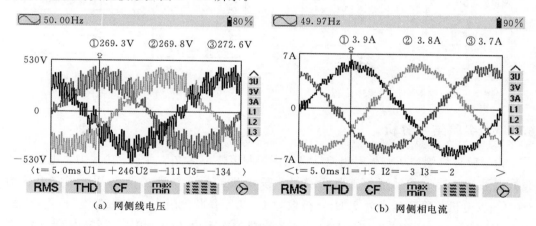

(a) 网侧线电压　　　　　　　　　　　(b) 网侧相电流

图 4-41　机侧控电压、网侧控功率控制策略在电机额定转速下的网侧波形图

从图 4-40 和图 4-41 可以看出，两种控制策略下网侧线电压和网侧相电流的波形相差并不大，但机侧控功率、网侧控母线电压控制策略的并网相电流比机侧控电压、网侧控功率控制策略要大，故并网发电功率也相对要大些，效率也较传统控制策略的高，这与仿真分析结果一致。两种控制策略的实验数据对比见表 4-5。

为了用实验验证直驱永磁风力发电系统所用机侧控电压、网侧控功率控制策略在电网故障穿越方面的能力，对直驱永磁风力发电系统在电网故障下的运行与控制进行了实验研究。整个实验模拟平台控制框图如图 4-42 所示，实验采用的硬件与 4.3.1 介绍的实验模拟平台基本相同，只是在控制策略上略有不同。

由于采用转子位置传感器将会增加系统的成本，降低运行的可靠性，故本实验采用位置与转速估算算法；同时采用正、负序参考坐标系的双电流控制器。

表 4-5 两种控制策略的实验数据对比

对 比 量		控 制 策 略	
		机侧控功率、网侧控 母线电压控制策略	机侧控电压、网侧控 功率控制策略
并网线电压/V	A 相	269.9	269.3
	B 相	270.4	269.8
	C 相	274.4	272.6
并网线电流/A	A 相	3.48	4.15
	B 相	3.36	4.01
	C 相	3.35	3.98
并网功率/W		1593.5	1880.8

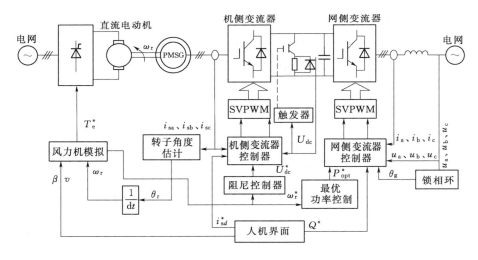

图 4-42 实验模拟平台控制框图

为了验证系统的抗干扰性能，对在负载端突加负载检测直流母线电压是否具有稳定作用进行了研究，在电网正常的情况下，在直流母线上突然增加 230V 的反电动势，获得的直流母线电压波形如图 4-43 所示。可以看出，采用该控制系统能对直流母线电压波形进行良好的调节。

为了验证系统在同时受到不对称电压和畸变电压的电网故障情况下直流母线是否具有稳定电压的作用，进行了实验。故障电网电压用一个连接到变压器的三相可编程交流电源来模拟。图 4-44 所示为电压不对称和畸变时的实验波形，可以看出：在电网中加入了 30% 负序分量和少量谐波的畸变电压条件的不对称电网电压的作用下，网侧电流也出现了不对称，但直流母线电压能保持稳定，且调节性能良好。

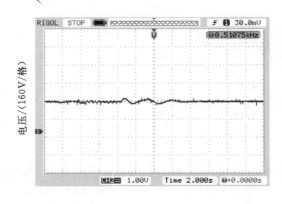

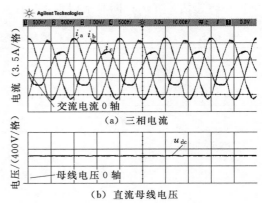

图 4-43　负载突变时的母线电压波形　　　图 4-44　电压不对称和畸变时的实验波形

通过前面的分析可知，当电网出现电压跌落故障时，只要直流侧平衡了直流母线电压，就能确保发电机发出的功率全部传递到电网，就可以实现电网故障穿越。实验结果表明：在电网电压不对称和畸变时，通过使用机侧控电压、网侧控功率控制策略与斩波器电路结合，精确地检测电网电压基波的正、负序分量，以及使用正、负序旋转坐标系双电流环控制策略，就可以使直流母线电压保持稳定，能够有效地实现直驱永磁风力发电系统在电网发生不对称故障时的运行与控制。

参 考 文 献

［1］　肖磊. 直驱式永磁同步风力发电机在不平衡电网电压下的控制 ［D］. 长沙：湖南大学，2013.

［2］　邓秋玲. 电网故障下直驱永磁同步风电系统的持续运行与变流控制 ［D］. 长沙：湖南大学，2012.

［3］　叶盛，黄守道，黄科元，肖磊. 不对称电压下 PWM 整流器的控制策略 ［J］. 电网技术，2010，34 (10)：94-98.

［4］　黄守道，肖磊，黄科元，等. 不对称电网故障下直驱型永磁风力发电系统网侧变流器的运行与控制 ［J］. 电工技术学报，2011，26 (2)：173-180.

［5］　陈自强. 永磁直驱式风电变流器控制策略的对比研究 ［D］. 长沙：湖南大学，2011.

［6］　肖文英. 并网型直驱永磁同步风力发电系统低电压穿越技术的研究 ［D］. 长沙：湖南大学，2011.

［7］　瞿兴鸿，廖勇，等. 永磁同步直驱风力发电系统的并网变流器设计 ［J］. 电力电子技术，2008，42 (3)：22-24.

［8］　陈伯时，陈敏逊. 交流调速系统 ［M］. 2 版. 北京：机械工业出版社，2005.

［9］　肖磊. 直驱型永磁风力发电系统低电压穿越技术研究 ［D］. 长沙：湖南大学，2009.

［10］　肖磊，黄守道，黄科元，叶盛. 不对称电网故障下直驱永磁风力发电系统直流母线电压稳定控制 ［J］. 电工技术学报，2010，25 (7)：123-129，158.

第5章 大功率直驱永磁风力发电系统并联双PWM变流器及其环流控制技术

5.1 大功率直驱永磁风力发电系统并联双PWM变流器结构与模型

目前,直驱型风电机组的功率等级比较低,发电效率不高。所以为了实现机组的大功率输出,必须采用大功率发电系统,同时开关功率器件需要承受大电流,但是现有直驱型风力发电系统需要的全功率变流器的耐流水平和容量比较低,因此多个变流器并联的方式成为这种低压、大电流场合的最佳选择。大功率的变流系统的发展趋势是采用新型全控高频开关器件构成逆变模块单元,再通过多个模块并联进行扩容。这样可以提高逆变系统模块的通用性和灵活性,降低了生产成本,提高了系统的可维护性和灵活性,增加了系统的冗余性和可靠性。由于电力电子器件的过载能力较弱,因而在非常短的时间内,如果并联逆变模块电流输出超过最大允许电流,会使功率器件和发电设备损坏。

5.1.1 大功率直驱永磁风力发电系统并联双PWM变流器的基本结构

风力发电机的技术发展是以提高风能利用率、提高机组运行性能(发电量)、提高可靠性、降低机组价格和重量为目标,正在向大功率、直驱式、变转速、变桨距、永磁风力发电机和最优控制方向发展。

大功率直驱永磁风力发电系统包含风轮、大功率直驱永磁风力发电机、变流系统、控制系统、变压器及并网接触器、控制平台等,结构如图5-1所示。

1. 大功率直驱永磁风力发电机

大功率直驱永磁风力发电机具有以下特点:低速运行;多极对数发电机,典型值 $p=50\sim80$;速度典型值为 $17\sim30\mathrm{r/min}$;变速范围大,风能利用率高;无转子绕组、无励磁装置、无刷无环,转子损耗很小,效率高;典型功率范围为 $600\mathrm{kW}$、$3\mathrm{MW}$、$6\mathrm{MW}$;直径大、呈圆环状等。实际中的 $2\mathrm{MW}$ 直驱永磁风力发电机是由两个隔离的三相绕组整合成的六相电机,虽然机械结构上是一台六相电机,但在电气特性上相当于有两台三相电机,因此对六相电机的控制本质上是对两个三相电机分别进行控制。

2. 变压器及并网接触器

风力发电机通过并网接触器及变压器与电网相连,发电机需要通过升压变压器与电网高压线相连,在电机起停时刻,通过并网接触器切入电网。由并网控制器控制接触器的切入角,使电机定子输出电压的幅值、相位和网侧电压的幅值、相位一致。

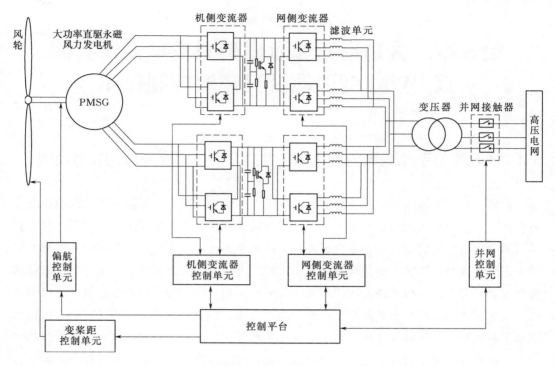

图 5-1　大功率直驱永磁风力发电系统结构示意图

3. 变桨距控制单元

当风速过高时，通过变桨距控制，改变气流对叶片的攻角，减少风力对风轮的冲击。目前的变桨距控制机构通常是通过电液比例控制系统对风轮 3 个桨叶进行统一控制，即桨叶变桨距角变化一致。但由于在整个风轮扫及面上风速并不均匀，由此会产生桨叶扭矩的波动并影响到风轮传动机构的机械应力及其疲劳寿命，因此需要对 3 个桨叶进行单独控制。

4. 偏航控制单元

偏航控制单元是风电机组电控系统的重要组成部分。偏航控制系统实现在可用风速范围内自动准确对风，在非可用风速范围下能够 90°侧风，在连续跟踪风向可能造成电缆缠绕的情况下自动解缆，从而使风力发电机能够运转平稳可靠，高效地利用风能，在紧急情况下，能够实现人工偏航，有效地保护发电机。

5. 并网控制单元

在风力发电系统的启动阶段，变流器控制单元首先要完成风电机组的并网工作。已有的并网方式有直接并网、准同期并网、降压并网、软并网等。其中软并网方式是目前风电机组普遍采用的方式，其特点是可以得到一个平稳的并网过渡过程，而不会出现冲击电流，对电网影响小。当风电机组软并网成功后，变流器控制单元就切换到正常工作方式，即最佳风能捕获方式。此时机组主控制器检测发电机的转速和风速，根据最佳风能捕获算法计算出最优的功率，以指令形式发给变流器控制单元，变流器控制单元将指令最优功率 P^* 作为给定输入量，通过比例积分调节器得出参考有功电流 i_q^* 对变流器进行控制，当实际的发电机输出功率与风力机获取功率不相等时，风力机的输出机械转矩与发电机的电磁转矩必然不平衡，从而转速发生变化，直到发电机实际输出功率与最优功率达到平衡为止，从而保持 $C_p(\gamma)$ 的值为最大。这种调节的方法就是基于功率调节发电机的方法。

6. 并联变流器及其控制单元

在直驱永磁风力发电系统中，变流单元总容量要超过发电机组的容量，但目前 IGBT 器件的电流容量有限，故需要采用变流器并联的方法来提高变流系统的容量。本章中研究的变流系统结构是两个背靠背双 PWM 变流器并联的结构。但逆变模块并联运行会产生环流，因此需要使变流器间的环流可控并且能够消除。只有并联逆变模块间平均分配负荷，选用参数和性能尽量一致的器件，才可能有效地抑制环流。同时必须采用电压同步控制技术，使得并联的各变流器输出的电压波形尽可能一致。

5.1.2 大功率直驱永磁风力发电机数学模型

2MW 直驱永磁风电系统采用的六相风力发电机为双丫移 30°绕组结构，绕组分布及各绕组电压电流方向规定如图 5-2 所示。它是一个不对称六相绕组，从内部定子绕组排列分布来看，它是一个 12 相系统。其中 1a、1b、1c 三个相绕组构成一个丫型连接，2a、2b、2c 三个相绕组构成另一个丫形连接，这两套绕组在空间相

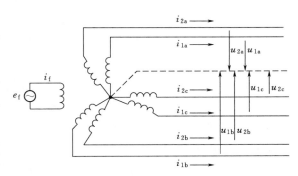

图 5-2 六相直驱永磁风力发电机结构

位上相差 30°电角度。每个丫形连接的内部绕组在空间上互差 120°电角度。绕组电压电流正方向的规定采用发电机惯例，即以输出电流为正，各线圈流过正向电流时产生负值磁链。转矩的正方向符合发电机惯例，即以外加驱动转矩取为转子转向正向，电磁转矩为制动转矩。本质上讲，2MW 直驱永磁风力发电机是由两个隔离三相绕组组成的六相电机，在电气特性上相当于有两台三相电机，但在机械结构上是六相电机，对六相电机的控制实际上是对两个三相绕组分别进行独立控制。

直驱永磁风力发电机无电刷、滑环，消除了转子损耗，运行可靠，没有励磁绕组，减少了电气的铜耗、铁耗。风力发电机的转子为永磁体，在发电机制成后，永磁体磁链 ψ_f 不变，或者说是不可调的。

六相直驱永磁风力发电机在六相静止坐标系下的数学模型是一个非线性、高阶、强耦合的系统。为了简化数学模型，得到较好的实时控制效果，必须对电机数学模型进行降阶和系统变量间的解耦。为此，建立以两相旋转 $dq0$ 坐标系上的数学模型，坐标变

换后的电压、磁链、电磁转矩和机械运动方程为

电压方程：

$$\begin{cases} u_d = \dfrac{\mathrm{d}\psi_d}{\mathrm{d}t} - \omega\psi_q + R_1 i_d \\[2mm] u_q = \dfrac{\mathrm{d}\psi_q}{\mathrm{d}t} + \omega\psi_d + R_1 i_q \\[2mm] 0 = \dfrac{\mathrm{d}\psi_{2d}}{\mathrm{d}t} + R_{2d} i_{2d} \\[2mm] 0 = \dfrac{\mathrm{d}\psi_{2q}}{\mathrm{d}t} + R_{2q} i_{2q} \end{cases} \qquad (5-1)$$

磁链方程：

$$\begin{cases} \psi_d = L_d i_d + L_{md} i_{2d} + L_{md} i_f \\[2mm] \psi_q = L_q i_q + L_{mq} i_{2q} \\[2mm] \psi_{2d} = L_{2d} i_{2d} + L_{md} i_d + L_{md} i_f \\[2mm] \psi_{2q} = L_{2q} i_{2q} + L_{mq} i_q \end{cases} \qquad (5-2)$$

电磁转矩：

$$T_e = 1.5 p(\psi_d i_q - \psi_q i_d) = 1.5 p i_q [i_d(L_d - L_q) + \psi_f] \qquad (5-3)$$

机械运动方程：

$$J\frac{\mathrm{d}\Omega}{\mathrm{d}t} = T_{em} - T_L - R_\Omega \Omega \qquad (5-4)$$

$$\psi_f = \frac{e_0}{\omega}$$

式中　　ψ——磁链；

　　d、q——定子的 d、q 轴分量；

　$2d$、$2q$——转子的 d、q 轴分量；

L_{2d}、L_{2q}——转子绕组 d、q 轴电感，$L_{2d} = L_{md} + L_2$，$L_{2q} = L_{mq} + L_2$；

　L_d、L_q——定子绕组 d、q 轴电感，$L_d = L_{md} + L_1$，$L_q = L_{mq} + L_1$；

L_{md}、L_{mq}——定子、转子间 d、q 轴互感；

　L_1、L_2——定子、转子漏电感；

　　i_f——永磁体的等效励磁电流，当不考虑温度对永磁体的影响时，其值为一常数，$i_f = \psi_f / L_{md}$；

　　ψ_f——永磁体产生的磁链；

　　e_0——空载反电动势，其值为每相绕组反电动势有效值的 $\sqrt{3}$ 倍，即 $e_0 = \sqrt{3} E_0$；

　　J——转动惯量；

　　Ω——机械角速度；

　　R_Ω——阻力系数；

　　T_L——负载转矩。

　　由于转子上不存在阻尼绕组，因而，电机的数学模型可简化为

$$
\begin{cases}
u_d = \dfrac{\mathrm{d}\psi_d}{\mathrm{d}t} - \omega\psi_q + R_1 i_d \\[2mm]
u_q = \dfrac{\mathrm{d}\psi_q}{\mathrm{d}t} + \omega\psi_d + R_1 i_q \\[2mm]
\psi_d = L_d i_d + L_{md} i_f \\[2mm]
\psi_q = L_q i_q \\[2mm]
T_{em} = p(\psi_d i_q - \psi_q i_d) = p\left[L_{md} i_f i_q + (L_d - L_q)i_d i_q\right]
\end{cases}
\tag{5-5}
$$

从式（5-5）中可以看出，发电机的电磁转矩取决于电动机的定子电流，即可以通过对电动机的正交电流的控制来实现对发电机的转矩和电机转速的高性能控制。

5.1.3 直驱永磁风力发电机变流器建模

由于直驱永磁风力发电机的磁场不可控性，风力发电机的输出电压随转速和负载的变化而改变，导致整流后的直流电压不稳定，需要变流电路来稳定直流部分的电压，直驱型的变流电路存在很多不同的电路拓扑结构。

1. 不控整流＋直流升压＋PWM 变流电路

图 5-3 所示为不控整流＋直流升压＋PWM 变流电路。该电路即整流部分采用二极管不控整流，中间环节的升压斩波器提升直流电压，逆变部分采用 PWM 变流器。由于发电机在低风速时输出电压和频率都较低，无法将能量回馈至电网，因此由升压斩波电路提升直流电压，输出有功功率，拓宽了发电机运行范围。整流桥采用低成本的二极管不控整流桥。但该电路结构发电机侧不是单位功率因数，电机损耗较大，三级变换使系统效率下降，并且需要额定等级高、容量大的电容进行稳压，增加了系统的体积和成本。

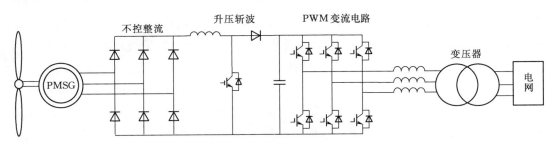

图 5-3　不控整流＋直流升压＋PWM 变流电路

2. 背靠背双 PWM 变流电路

由于风速的变化，发电机的输出为变压、变频交流电，通过整流和逆变模块变换成恒压、恒频的交流电后才能并入电网。发电机输出电压频率和幅值都低于电网电压，机侧采用 PWM 变流器进行升压稳压。图 5-4 所示为背靠背双 PWM 变流电路，发电机定子通过背靠背变流器和电网连接；发电机侧 PWM 变流器通过调节定子侧的 d 轴和 q 轴电流，控制发电机的电磁转矩和定子的无功功率（无功功率值设为 0），使发电机运行在变速、恒频状态，额定风速以下具有最大风能捕获功能；网侧 PWM 变流器通过调节网侧的 d 轴和 q 轴电流，保持直流侧电压稳定，实现有功和无功的解耦控制，控制流向电网的无功功率，通常运行在单位功率因数状态。此外，网侧变流器能保证变流器输出的 THD 尽可能小，提高注入电网的电能质量。背靠背双 PWM 变流器结构采用矢量控制，控制方法灵活，具有四象限运行功能，可以实现对电机调速和输送到电网电能的优良控制。和图 5 - 3 所示电路相比可以发现，后者是三级变换，双 PWM 变流器是两级变换，因而效率更高，但是全控型器件数量更多，同时机侧变流器矢量控制通常需要检测电机转速等信息，控制电路较复杂，因而具有较高的成本。

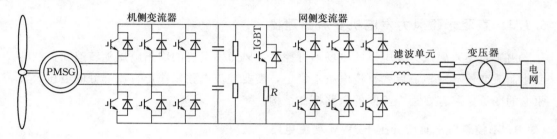

图 5 - 4　背靠背双 PWM 变流电路

5.1.3.1　大功率直驱永磁风力发电系统并联双 PWM 变流器拓扑结构

背靠背双 PWM 变流电路具有能量可以双向流动、功率因数可调等优点，是风力发电变流电路的最佳选择，因此本节研究的变流控制系统主电路采用背靠背双 PWM 变流电路，发电机采用六相直驱永磁风力发电机。

大功率风力发电系统对并联变流器的技术要求如下：并联变流器的静态性能要好；并联变流器的动态特性要好，输出电压的响应速度快，系统稳定性要好；带负载能力要强，要适应不同类型的负载；输出电压的波形中谐波含量要小，谐波环流及功率失真要少；具有电压预同步和并网自动投切控制功能；具有较强的抗干扰能力。

兆瓦级直驱永磁风力发电系统变流器主电路拓扑结构如图 5 - 5 所示，该结构采用两个背靠背双 PWM 变流器相并联的电路作为基本变流单元，两个双 PWM 变流模块共用一组直流滤波电容和均压电阻，机侧和网侧变流器是由两个 IGBT 功率模块并联构成，IGBT 功率模块的拓扑结构如图 5 - 6 所示。由于机侧和网侧变流器的两个 IGBT 功率模块共直流侧，所以不会出现各变流模块直流母线电压纹波不完全一致引起的环流问题，并且变流系统体积和器件成本减少，还具有很好的冗余性和稳定性，单个变流器的退出不会影响系统的正常工作。需要注意的是，当一个变流器的桥臂出现直通故障时，直流侧电压的波动可能会影响其他逆变模块的正常运行。所以除了滤波电感参数一致外，各个功率器件对应的开关调制量也要一致。在变流器并联系统中，由于开关器件的

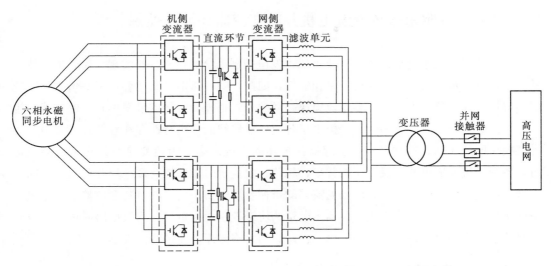

图 5-5 兆瓦级直驱永磁风力发电系统变流器主电路拓扑结构

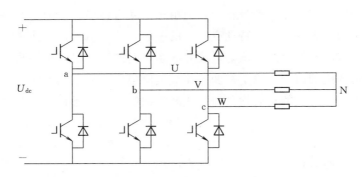

图 5-6 IGBT 功率模块的拓扑结构

动态、静态参数和特性不同，会出现固有的零序环流问题，因此在机侧和网侧变流器控制策略中都要引入均流控制来抑制零序环流的影响。

5.1.3.2 变流器数学模型

早期的变流器主要有二极管组成的不控变流器、晶闸管组成的相控变流器等。这类变流器存在功率因数低、对电网产生谐波污染、动态响应慢等缺点。相比之下，目前由 IGBT 等全控器件组成的 PWM 变流器具有以下优点：

（1）直流侧电压恒定可控且有良好的动态响应。

（2）交流侧电流为正弦波，功率因数可调。

（3）能量利用率高，能实现功率双向流动。

因此，并联双 PWM 变流器采用由 IGBT 等全控器件组成的两个背靠背双 PWM 变流器并联的变流系统结构。

5.2   2MW 直驱永磁风力发电机并联变流器环流及控制

直驱型风力发电变流系统是直驱型风力发电控制系统的核心，是实现变速、恒频技术的关键，其容量要与风力发电机容量相适应，因此，随着风电机组的容量不断增大，变流器的容量也在不断增大。采用多变流模块并联的方式是提高容量的最简单有效的方式，生产、设计成本低，系统可靠性高。但由于各逆变模块间的输出特性存在着差异，会引起各逆变模块间的无功、有功环流，引起器件损坏和系统故障。为使变流系统正常、高效运行，各台变流器输出的交流电压的频率、相位、幅值要时刻保持一致，均分负载，消除由于微小的差异引起较大环流，增加变流器的负荷及发电功率的损耗，甚至使整个发电系统不能正常工作。因而解决系统中各输出电量的协调控制尤为重要，本节提出通过调节空间矢量算法中零矢量在每个开关周期内的作用时间实现零序环流的均流控制。

5.2.1   并联变流器环流问题分析

虽然选取的并联变流器的型号相同，但由于功率器件静态、动态参数和特性不完全一致，导致各个模块表现出的外特性有一定的差别，从而引起各个并联模块的带负载能力的差异，而负载电流的分配不均匀造成并联系统间的环流很大，甚至造成器件和装置的损坏。为避免环流的出现，除了在变流器交流侧串接均流电抗器外，还可以在多模块并联运行系统中引入有效的负载均分控制或环流抑制策略。还有变流器输出电压的谐波含量不相同，会引起谐波环流，因而除了采用环流抑制控制外，必须避免这种情况的发生。

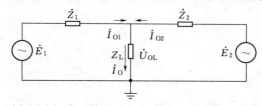

图 5-7   两个变流器并联的等效电路

$\dot{E}_1$、$\dot{E}_2$—两台变流器空载输出电压的基波分量；

$\dot{U}_{OL}$—逆变电源的输出电压；

$\dot{Z}_1$、$\dot{Z}_2$—变流器等效输出阻抗；

$\dot{Z}_L$—两个变流器的公共负载阻抗

以两台单相逆变电源并联运行为例进行分析，变流器模型等效为空载输出电压和输出阻抗的串联，两个变流器并联的等效电路如图 5-7 所示。

设 $\dot{Z}_1 = R_1 + jX_1$，$\dot{Z}_2 = R_2 + jX_2$，由图 5-7 可得各并联电源输出电流为

$$\begin{cases} \dot{I}_{O1} = \dfrac{\dot{E}_1 - \dot{U}_{OL}}{\dot{Z}_1} \\[3mm] \dot{I}_{O2} = \dfrac{\dot{E}_2 - \dot{U}_{OL}}{\dot{Z}_2} \end{cases} \qquad (5-6)$$

环流为

$$\dot{I}_H = \frac{\dot{I}_{O1} - \dot{I}_{O2}}{2} = \frac{1}{2}\left(\frac{\dot{E}_1 - \dot{U}_{OL}}{\dot{Z}_1} - \frac{\dot{E}_2 - \dot{U}_{OL}}{\dot{Z}_2}\right) \qquad (5-7)$$

在实际并联变流系统中，在电路元器件误差较小的情况下，可认为各并联变流器输出阻抗是一致的。而且输出阻抗差异对环流的影响不大，而并联变流器空载输出电压的微小差异将产生很大的环流，所以假设两并联变流器空载输出电压不同，但有相同的输出阻抗，即 $\dot{E}_1 \neq \dot{E}_2$，$\dot{Z}_1 = \dot{Z}_2 = \dot{Z}$，根据式（5-7）可得并联变流器环流表达式为

$$\dot{I}_H = \frac{\dot{E}_1 - \dot{E}_2}{2\dot{Z}} \qquad (5-8)$$

由式（5-8）可得，此时环流与两台变流器空载输出电压差成正比，与单个变流器等效输出阻抗成反比。环流情况分析可参考图 5-7。令两模块的输出阻抗相等，即 $Z_1 = Z_2 = Z = R + jX$，根据叠加定理容易求得

$$\dot{U}_{OL} = \frac{\dot{Z} /\!/ \dot{Z}_L}{\dot{Z} + \dot{Z} /\!/ \dot{Z}_L}(\dot{E}_1 + \dot{E}_2)$$

$$= \frac{\dot{Z}_L}{\dot{Z} + 2\dot{Z}_L}(\dot{E}_1 + \dot{E}_2) \qquad (5-9)$$

两台变流器空载输出电压 $\dot{E}_1$ 和 $\dot{E}_2$ 的不同体现在它们的幅值和相位的差异上，在两者不同情况下的环流特性是不同的。

当两空载输出电压的相位相同、幅值不一致时，空载、阻性负载和感性负载三种情况下并联变流器输出相电压、相电流、环流相量间的矢量关系如图 5-8 所示。此时产生的环流是无功环流，电压幅值低者环流分量呈容性，电压幅值高者环流分量呈感性，而且环流大小与两者幅值差值成正比。

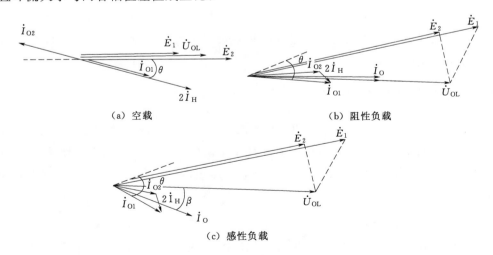

（a）空载　　　　　　（b）阻性负载

（c）感性负载

图 5-8　两空载输出电压的相位相同、幅值不一致时并联变流器输出相电压、相电流、环流相量间的关系

当输出电压的相位不一致、幅值相同时，空载、阻性负载和感性负载三种情况下，

并联变流器输出相电压、相电流、环流相量间的矢量关系如图 5-9 所示。由图可知，此时产生的环流是有功环流，电压相位滞后者吸收有功功率，电压相位超前者发出有功功率，而且环流大小与两者相位差值成正比。

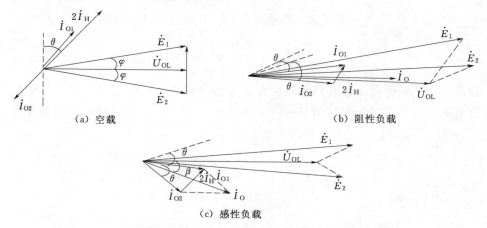

（a）空载　　　　　　　　　　　　（b）阻性负载

（c）感性负载

图 5-9　两空载输出电压的相位不一致、幅值相同时并联变流器
输出相电压、相电流、环流相量间的关系

并联变流器必须瞬时保持输出电压的幅值、相位、频率的一致，但在实际的并联系统中，由于功率器件及其控制电路不可能完全相同，并联变流器输出电压的频率和幅值的控制精度不高，还有 PWM 死区时间不完全一致，都会导致产生的 PWM 驱动信号不同，然后引起各个参考电压矢量在功率管的开关周期所占的占空比不同，尽管这种差异比较小，但是在大功率变流系统中，产生的环流的影响是显著的。还有变流器输出电压的谐波总含量 THD 不是很小时，会引起谐波环流，因而各台逆变电源的输出电压波形应接近标准正弦。同时在保证变流器滤波效果和反应速度的前提下应尽量增大滤波电感，但滤波电感越大，系统硬件电路的体积重量也增大，同时对负载的反应速度也变慢，因此需要全面考虑。

5.2.2　变流器并联均流控制方法

由于功率器件和控制电路不可能完全相同，控制系统的控制量的精度有限、参数误差不同，各变流器的输出电压的瞬时值往往不可能完全一致，从而在系统内部形成环流，而环流会严重影响变流系统的正常运行，甚至损坏硬件电路。因而，必须引入均流控制方法。

1. 瞬时平均电流控制

瞬时平均电流控制是应用平均电流均流法实现变流器之间的并联运行。本控制方案先由各单模块变流器的基准信号的平均值产生同步信号，通过同步锁相环技术实现各模块输出电压跟踪同一基准电压，可以实现很好的同步。然后在后级检测各模块的电感电流并求其平均值作为基准电流信号，通过均流控制器抑制环流，其控制框图如图 5-10

所示。每台变流器有 3 个控制环，它们分别是内部电流反馈环、电压反馈环及外部均流环。单台变流器均含有电压反馈环和内部电流反馈环，因此稳态性能和暂态响应都良好。均流总线产生一个公共电流参考量 i_s，i_s 是各变流器输出电流 i_j 的平均量，i_s 和 i_j 之间的误差经均流控制器 H_j 处理后作为参考电压的补偿信号，通过闭环调节使 i_s 和 i_j 的误差趋近于 0，从而实现了均流。

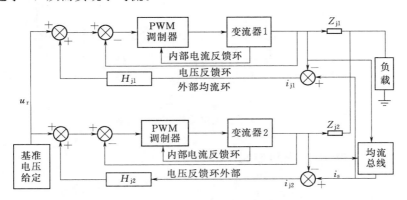

图 5 - 10　瞬时平均电流均流法控制框图

2. 基于外特性下垂的无互联信号线并联控制

无互联信号线并联控制原理图如图 5 - 11 所示。该方法是通过检测自身的功率大小，由外特性下垂法来调节各自变流系统输出电压的相位、幅值，从而负载的有功功率能有效地均分，抑制环流的产生。它的结构简单，系统冗余性好，成本低，容错能力强，系统的可靠性高。但是该方法要求控制系统的实时性好，处理检测精度高，对处理器实时运算速度和存储容量要求高。然而由于受线路阻抗的影响，负载的无功功率均分效果较差。

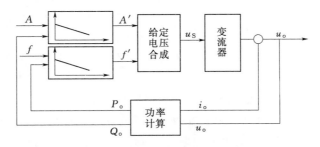

图 5 - 11　无互联信号线并联控制原理图

3. 串联平衡电抗器控制法

串联平衡电抗器控制法的控制原理图如图 5 - 12 所示。该控制方法是三环控制，首先得到各变流器的输出电流 i_{1a}、i_{2a} 和并联后输出电网总电流平均值的差值 Δi_{1a}、Δi_{2a}，再对每个变流器的直轴电流给定值 i_{1d}、i_{2d} 进行调整补偿，从而使每个变流器输出电流与变流器参考调制电流值 i_{1d}^*、i_{2d}^* 之间的误差趋近于零，实现并联逆变单元间的均流控制目的。

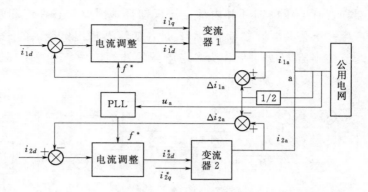

图 5-12　串联平衡电抗器控制法的控制原理图

5.2.3　机侧变流器并联控制原理

5.2.3.1　机侧变流器并联控制算法

i_a 和 i_c 为电流传感器检测的定子两相电流信号，根据

$$i_b + i_a + i_c = 0 \tag{5-10}$$

可得 i_b 为

$$i_b = -i_a - i_c \tag{5-11}$$

由 abc 坐标到 $dq0$ 坐标变换阵可计算出 i_d、i_q 和零序分量 i_0（并联时两组变流器三相电流计算公式一样）为

$$
\begin{bmatrix} i_d \\ i_q \\ i_0 \end{bmatrix} = \frac{2}{3}
\begin{bmatrix}
\cos\theta & \cos\left(\theta - \frac{2}{3}\pi\right) & \cos\left(\theta + \frac{2}{3}\pi\right) \\
-\sin\theta & -\sin\left(\theta - \frac{2}{3}\pi\right) & -\sin\left(\theta + \frac{2}{3}\pi\right) \\
\frac{1}{2} & \frac{1}{2} & \frac{1}{2}
\end{bmatrix}
\begin{bmatrix} i_a \\ i_b \\ i_c \end{bmatrix} \tag{5-12}
$$

式中　i_a、i_b、i_c——变流器输出的三相交流电流；

$\qquad i_d$、i_q、i_0——机侧输出三相电流的 d 轴分量、q 轴分量和零序分量。

由 abc 坐标到 $dq0$ 坐标变换阵可计算出三相电压的 d、q 分量和零序分量为

$$
\begin{bmatrix} u_d \\ u_q \\ u_0 \end{bmatrix} = \frac{2}{3}
\begin{bmatrix}
\cos\theta & \cos\left(\theta - \frac{2}{3}\pi\right) & \cos\left(\theta + \frac{2}{3}\pi\right) \\
-\sin\theta & -\sin\left(\theta - \frac{2}{3}\pi\right) & -\sin\left(\theta + \frac{2}{3}\pi\right) \\
\frac{1}{2} & \frac{1}{2} & \frac{1}{2}
\end{bmatrix}
\begin{bmatrix} u_a \\ u_b \\ u_c \end{bmatrix} \tag{5-13}
$$

式中　u_a、u_b、u_c——变流器输出三相交流电压；

u_d、u_q、u_0——机侧三相输出电压的 d 轴分量、q 轴分量和零序分量。

在 $dq0$ 坐标中，电机输出的有功功率、无功功率计算公式可表示为（由于零序环流产生的功率很小，可以忽略不计）

$$\begin{cases} P = \dfrac{3}{2}u_d(i_{d1}+i_{d2}) + \dfrac{3}{2}u_q(i_{q1}+i_{q2}) \\ Q = \dfrac{3}{2}u_q(i_{d1}+i_{d2}) - \dfrac{3}{2}u_d(i_{q1}+i_{q2}) \end{cases} \quad (5-14)$$

式中，下标1、2分别表示六相电机的两组三相绕组。为了使说明更加简洁，两组并联变流器的三相相同电量类型的下标已省略，两组并联的变流器相同电量类型均适合。

5.2.3.2 机侧变流器并联功率控制原理

直驱永磁风力发电机机侧 PWM 变流器采用功率控制策略，该变流器控制方法采用功率控制为外环，电流控制为内环的控制结构，即依据风力机的最佳功率曲线来控制机侧 PWM 变流器输出的瞬时有功功率和无功功率，作为电机定子有功电流和无功电流的给定值，从而瞬时控制变流器交流侧电流有功分量和无功分量，实现直驱永磁风力发电机机侧的有功功率和无功功率的独立控制。控制系统通过调节电机运行的频率实现最大风能捕获和变速恒频运行要求，输出最大风能。通过独立调节发电机的有功功率和无功功率，改变系统输出的功率因数，使发电机和变流器的运行效率达到最高，无功损耗和容量大幅降低。该功率控制策略具有低电压穿越能力，在电网故障如电压跌落等情况下能快速向电网提供无功功率、调节系统电压。控制系统能实现变流器能量的双向流动，在特定情况下做电动运行状态，使系统的维护和检修更加方便。该系统输入输出功率因数可独立调节，输入输出的 THD 低，运行范围宽，动态响应快，稳定性高，无需无功补偿装置。但有些算法（空间矢量调制）较复杂，需要采用 DSP 等高性能处理器来实现。

机侧一组三相绕组的变流器功率控制原理如图 5-13 所示。采用功率控制为外环，电流控制内环的控制结构，使输送到直流母线上的功率保持最大输出，并且可以调节发电机输出无功电流，从而调节电机输出的无功功率，达到功率因数接近 1 的理想状态。风轮最大风能捕获的实现方式有速度给定模式、功率给定模式、转矩给定模式 3 种。在本章中采用了功率给定模式，即有功指令给定 P^* 是基于爬山算法的最大功率点追踪控制给出。功率计算单元对电机的输出功率进行有功功率和无功功率的计算，其无功功率与无功功率给定值指令叠加，有功功率与有功功率给定值指令叠加，分别调节后，生成功率分配信号，控制两组变流器之间的功率。有功功率调节值作为转矩电流的给定值指令，给定值指令折半后作为两组变流器的各自给定电流（在控制系统实现时，实际上由主控制器计算出 i_q^*、i_d^* 给定值和转子位置角估计值，通过 CAN 接口传送到从控制器进行内环电流控制，从控制器不进行给定值计算）。当需要电机输出为单位功率因数时，令无功电流指令 $i_d^* = 0$（在额定速度以下），这样可以使电机输出最大有功功率。同时，由于无功功率输出可调，使发电机转速范围更宽。当进行弱磁控制时，增大 d 轴电流，转速可以继续增大，铁芯损耗减少。

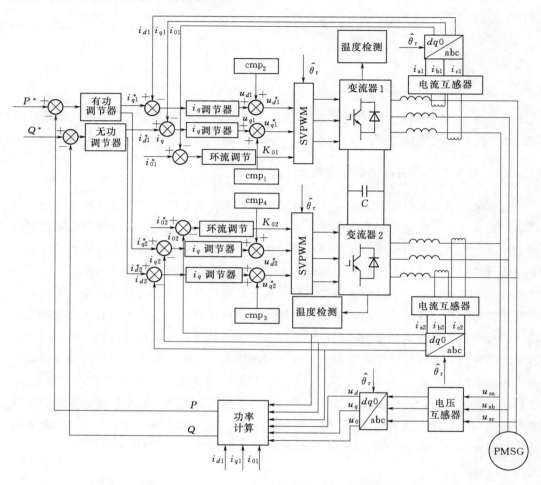

图 5 - 13　机侧一组三相绕组的变流器功率控制原理

在不同风速下，为实现最大的发电效率，需要给定合适的 i_d^*。分析可得，定子电流大小除受电机和变流器额定电流限制外，还受机端电压限制，其表达式为

$$i_q^2 + \left(\frac{e_s}{X_s} - i_d\right)^2 = \left(\frac{U_{slim}}{X_s}\right)^2 \tag{5-15}$$

其中

$$U_{slim} = \frac{1}{\sqrt{6}} m_a U_{dcmax}$$

式中　U_{slim}——定子电压有效值限制值；

　　　m_a——调制度，当 $m_a = 1$ 时，$U_{slim} = 0.408 U_{dcmax}$；

　　　X_s——定子电感值；

　　　e_s——电机反电势。

由式（5-5）可知，d 轴和 q 轴之间存在耦合（$\omega_s L_q i_q$、$\omega_s L_d i_d$），通过前馈补偿

的方法可消除两者之间的耦合，因此定义两个新的输入量分别为

$$
\begin{cases}
u_d = \omega_s L_q i_q + u_d \\
u_q = -\omega_s L_d i_d + \sqrt{3}\,\omega_s \psi_f + u_q
\end{cases}
\tag{5-16}
$$

将式（5-16）代入式（5-5）中可获得 d 轴和 q 轴方向上两个独立的一阶模型，即

$$
\begin{cases}
u_d = (R + sL_d)i_d \\
u_q = (R + sL_q)i_q
\end{cases}
\tag{5-17}
$$

式中　s——拉普拉斯算子。

式（5-17）表明了 u_d 与 i_d、u_q 与 i_q 之间的线性关系，可将发电机的反电势 $\omega_s\sqrt{3}\psi_f$ 当做干扰项，所以为消除 d 轴、q 轴电压分量、电流分量间的交叉耦合，两并联变流器的补偿项分别为

$$
\begin{cases}
cmp_1 = \omega_s L_q i_{q1} \\
cmp_2 = -\omega_s L_d i_{d1} + \omega_s \sqrt{3}\psi_f \\
cmp_3 = \omega_s L_q i_{q2} \\
cmp_4 = -\omega_s L_d i_{d2} + \omega_s \sqrt{3}\psi_f
\end{cases}
\tag{5-18}
$$

电流 PI 调节器输出加上电压补偿项，就可获得调制电压指令值 u_d^*、u_q^*，即

$$
\begin{cases}
u_q^* = \Delta U_1 + (i_q^* - i_q)\left(K_{iP} + \dfrac{K_{iI}}{s}\right) \\
u_d^* = \Delta U_2 + (i_d^* - i_d)\left(K_{iP} + \dfrac{K_{iI}}{s}\right)
\end{cases}
\tag{5-19}
$$

式中　K_{iP}、K_{iI}——PI 调节器比例系数和积分系数。

机侧变流器控制系统中坐标变换所需的位置角 $\hat{\theta}_r$ 由角度观测器估算得到。

5.2.3.3　变流器并联瞬时环流反馈均流控制原理

在并联变流器的交流输出侧分别串接相同的电抗器，对抑制环流取得了很好的效果。为了能进一步减少环流对变流器并联运行的影响，在变流器控制策略中引入均流控制技术，使得各变流器输出电压的频率、相位、幅值均保持一致，从而实现变流器能够并联组网运行。

目前并联变流器均流控制一般采用瞬时环流反馈控制方法，即各变流器的瞬时环流反馈值与期望值比较，两者差值经过 PI 调节器调整变流器 PWM 驱动脉冲的大小。和其他控制方法相比，瞬时值反馈控制具有控制结构简单、鲁棒性强、实现容易、控制精度高、动态响应好等优点。

机侧一组三相绕组的变流器功率控制原理如图 5-13 所示，采取的瞬时环流反馈均流控制方法是基于 SVPWM 调制技术，将变流器功率控制和均流控制有机地结合在一起。在采用 SVPWM 算法的控制系统中的环流主要指零序环流，调节空间矢量算法中

两个零矢量在每个开关周期内的作用时间实现零序环流的均流控制，对 dq 轴电流控制不产生任何影响。由于 SVPWM 算法中零矢量作用时变流器三相输出短路，对于单个变流器而言不会形成回路，所以不存在零序环流，不会对变流器输出电流产生不良影响。然而在变流器并联的情况下，零矢量（$\dot{U}_0$ 和 $\dot{U}_7$）作用时在变流器模块之间就会形成环流，表现为电流的零序分量 $i_0 \neq 0$。虽然在某一开关周期内，根据 dq 轴电流闭环控制计算得到的两非零矢量作用时间是不变的，但是两零矢量（$\dot{U}_0$ 和 $\dot{U}_7$）的作用时间将影响零序环流的大小，并且两者有相反的作用效果，应根据环流的大小调整两者的关系。当变流器间存在环流时，在旋转坐标下，定子电流的零序分量不为 0，设零序分量给定值 $i_0^* = 0$，与根据式（5-12）计算得到的实际零序电流 i_0 比较，再通过环流调节器调节后的值作为空间矢量算法中零矢量 $\dot{U}_0$ 作用时间的调节系数 K_0。其中 SVPWM 单元分两部分：①接收 $\dot{U}_{dref}$ 和 $\dot{U}_{qref}$ 经由 $dq0$ 旋转坐标到 $\alpha\beta0$ 静止坐标变换生成参考电压值 $\dot{U}_{aref}$、$\dot{U}_{\beta ref}$，②$\dot{U}_{aref}$、$\dot{U}_{\beta ref}$、U_{dc} 和 K_0 送入 SVPWM 调制单元产生 PWM 变流器驱动信号，同时实现机侧发电机有功功率、无功功率的解耦控制和并联变流器的均流控制目标。线性时间组合的输出参考相电压矢量 $\dot{U}_{out}$ 和相邻基本矢量 $\dot{U}_1$ 和 $\dot{U}_2$ 的关系为

$$T_1\dot{U}_1 + T_2\dot{U}_2 = T\dot{U}_{out} \tag{5-20}$$

根据电压矢量间的三角函数关系和式（5-20）可以得到

$$\begin{cases} T_1 = \dfrac{(3 \mid \dot{U}_{a\text{ref}} \mid -\sqrt{3} \mid \dot{U}_{\beta\text{ref}} \mid)T}{U_{dc}} \\[3mm] T_2 = \dfrac{\sqrt{3} \mid U_{\beta\text{ref}} \mid T}{U_{dc}} \end{cases} \tag{5-21}$$

零矢量作用时间 T_0 为

$$T_0 = T - T_1 - T_2 \tag{5-22}$$

式中　　T_1、T_2——相邻基本矢量 $\dot{U}_1$ 和 $\dot{U}_2$ 在一个开关周期中的持续时间；

　　　　T——一个 PWM 开关周期；

　　　　T_0——两个零矢量 $\dot{U}_0$ 和 $\dot{U}_7$ 总的作用时间。

K_0T_0 为 $\dot{U}_0$ 的作用时间。通过调节系数 K_0 对 3 个变流器空间电压矢量的开关时间进行修正，实现均流控制目标，计算变频器各相在一个开关周期的导通时间为

$$\begin{cases} T_{aon} = T - T_1 - T_2 - (T_0 - K_0T_0) \\ T_{bon} = T_{aon} + T_1 \\ T_{con} = T_{bon} + T_2 \end{cases} \tag{5-23}$$

式中　　T_{aon}、T_{bon}、T_{con}——变流器各桥臂的导通时间。

瞬时环流反馈均流控制原理是通过引入输出环流的瞬时反馈值，根据实际值与期望值的偏差来实时地调整并联变流器输出调制电压的基波幅值和相位，以控制变流器交流侧输入电流的大小，使得并联同相瞬时电流大小保持一致，各变流器输出电压的频率、相位、幅值均保持相同，从而实现变流器能够并联同步运行。通过对直流母线和两组变

流器输出电流的检测，可监视两组变流器之间的工作是否协调。与其他均流控制方法相比，这种零序环流瞬时反馈的均流控制方法具有显著的优点，它使发电机在实现高性能空间矢量控制的同时实现均流控制的目的。

5.3 仿真与实验

5.3.1 功率控制及均流控制仿真分析

利用 Matlab/Simulink 对直驱永磁风力发电机有功功率、无功功率独立控制和瞬时环流反馈均流控制策略进行仿真。

风轮模型参数为：风轮桨叶半径为 2.5m，最佳叶尖速比为 8.1，最佳的风能吸收系数为 0.48。

电机参数为：六相直驱永磁风力发电机为 4 对极；定子电阻和电感分别为 5.75Ω（为三相时的 2 倍）和 4.25mH（为三相时的一半）；永磁体磁通量为 0.15Wb；转动惯量为 $0.8\text{kg} \cdot \text{m}^2$；额定相电压为 65V；额定功率为 6kW；额定相电流为 15A；额定频率为 50Hz；母线电容为 $500\mu\text{F}$；网侧电感为 5mH。

图 5-14 所示为无功功率调节过程仿真波形。仿真期间的风速给定值为 10m/s 不变，开始时网侧无功功率 $Q=0$，在 0.5s 时 Q 突变为给定的 1kvar，直到仿真结束。由图 5-14（a）可知，由于风速不变，所以有功功率 $P \approx 1.5\text{kW}$ 不变。由图 5-14（b）可知，在调节期间直流电压为给定的 400V 不变。由图 5-14（d）可知，无功电流变成约 10A，网侧无功电流响应很好的追踪了给定值，而此时有功电流响应并不发生变化。由图 5-14（e）可知，电机的转速也不变。由图 5-14（c）和图 5-14（f）可知，网侧相电压与相电流有一定相位差，功率因数不为 1，但是机侧有功电流和无功电流不变。

图 5-15 所示为有功功率调节过程仿真波形。仿真开始时，风速给定值为 5m/s 不变，仿真期间网侧无功电流给定为 0A。在 0.5s 时风速给定值为 15m/s，直到仿真结束。由图 5-15（a）可知，风速改变时，有功功率输出由 $P=0.5\text{kW}$ 变为 $P=1.5\text{kW}$。无功功率 Q 在风速改变时，只有小幅波动。由图 5-15（b）可知，直流母线电压在风速改变时有小幅波动，但很快稳定在给定值。由图 5-15（d）可知，网侧有功电流响应很好地追踪了给定值 15A，而此时无功电流为 0A 不变，由图 5-15（e）可知，发电机转速也发生变化。由图 5-15（c）和图 5.15（f）可知，电网输出的相电压、相电流反相，功率因数为 1，电流幅值变大，与机侧有功电流变化一致。

图 5-16 所示为并联变流器均流控制策略下 a 相电流及环流电流的仿真波形。图 5-16（a）中的 i_{1a} 和 i_{2a} 为两个并联变流器的 a 相电流波形。可以看出，两个变流器同相输出的电流近似相同，两者波动一致。变流器间环流 i_H 很小，约为 0A。图 5-16（b）所示为没有采用均流控制时的电流及环流波形，相比图 5-16（a），输出电流畸变率明显增大，而且并联变流器之间存在较大的环流。图 5-16（c）所示为两台变流器并联时，其中一台退出并联系统时的单相电流及环流。图 5-16（d）所示为负载突变时电

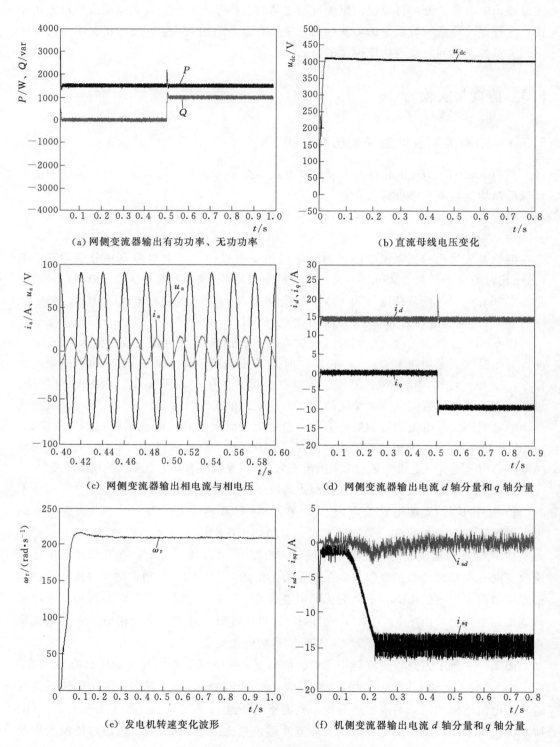

图 5-14　无功功率调节过程仿真波形

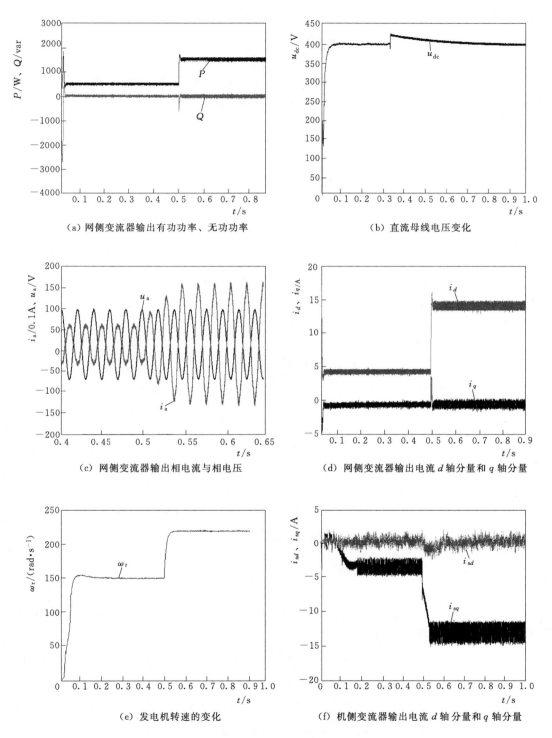

（a）网侧变流器输出有功功率、无功功率

（b）直流母线电压变化

（c）网侧变流器输出相电流与相电压

（d）网侧变流器输出电流 d 轴分量和 q 轴分量

（e）发电机转速的变化

（f）机侧变流器输出电流 d 轴分量和 q 轴分量

图 5-15　有功功率调节过程仿真波形

流波形。仿真结果说明基于 SVPWM 的变流器均流控制策略可以有效地抑制并联变流器之间的环流。

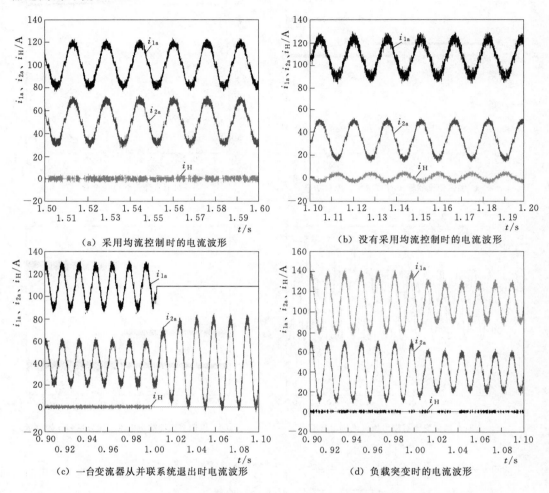

图 5-16　并联变流器均流控制策略下 a 相电流及环流电流的仿真波形

5.3.2　模拟实验

根据本章提出的控制策略，设计和实现了 2MW 直驱永磁风力发电系统变流电路的模拟试验系统，得到了关键试验波形。

模拟试验系统的背靠背双 PWM 并联变流器参数为：采用三菱公司的 IPM 模块，型号为 PM50RLA120，额定直流侧电压 $U_{\text{dc}}=1200\text{V}$，额定电流 $I=50\text{A}$，开关频率为 20kHz。直流母线侧用两个 $4700\mu\text{F}/1000\text{V}$ 的滤波电容串联进行稳压和滤波。交流侧滤波电感 $L=3\text{mH}$。六相永磁风力发电机参数为：额定功率 $P_{\text{N}}=7.5\text{kW}$，额定频率 $f=50\text{Hz}$，额定线电压 $U_{\text{N}}=380\text{V}$，额定电流 $I_{\text{N}}=7.2\text{A}$，定子连接方式为丫形，电阻为 3.3Ω，电感为 50mH，转子磁通 $\phi=0.4832\text{Wb}$；额定转速 $n=1000\text{r/min}$，极对数为

5,功率因数 $\cos\varphi=0.8$(滞后)。用西门子公司的电机调速装置控制直流电机模拟风力机。

DSP 控制器参数设置为:PWM 死区时间为 $4\mu s$;速度控制器的比例系数为 0.2,积分系数为 0.04,积分修正系数为 0.01,限幅值绝对值为 350;直轴电流控制器的比例系数为 0.2,积分系数为 0.04,积分修正系数为 0.01,限幅值绝对值为 500;交轴电流控制器的比例系数为 0.2,积分系数为 0.04,积分修正系数为 0.01,限幅值绝对值为 500。

1. 有功功率调节过程

发电机采用速度给定方式,即在有功功率控制通道中,在保持速度不变的同时,负载转矩不发生变化,通过改变模拟风力机的转速来改变有功电流和发出的功率大小。网侧无功电流给定值设为 0A,给定速度从 0 变为 1000r/min,图 5 – 17(a)所示为电机从空载到发电状态的定子电流 d 轴分量和 q 轴分量波形,由于模拟量输出显示通道不能显示负值,所以将电流抬升 3.5 格。可以看出定子无功电流分量 i_{sd} 为给定的 0A。有功电流分量 i_{sq} 近似从 0A 变为 10A,电机向电网输出功率。图 5 – 17(b)显示电流幅值变大,但电压不变。图 5 – 17(c)为并网控制下网侧变流器输出相电压与相电流的波形,只改变有功功率给定时,网侧电流的幅值随着有功功率给定的增加而逐渐加大,而相位正好相反,表明发电机只向电网输出有功功率,且网侧的功率因数为 1。图 5 – 17(d)所示为网侧从空载到并网发电状态的电流 d 轴分量和 q 轴分量波形,可以看出网侧无功电流 i_q 为给定值 0A 不变,而有功电流 i_d 和机侧有功电流变化一致,说明电机开始向电网输出功率。

2. 无功功率调节过程

发电机采用速度给定方式,即在有功功率控制通道中,保持速度不变的同时,负载转矩不变,则发电机轴上输入的机械功率保持不变。此时把网侧无功电流给定从开始的 5A 变为 0A。从图 5 – 18(a)中看出网侧无功电流 i_q 的响应很好地追踪了给定值,而此时有功电流 $i_d=8A$ 不变,可见,无功功率变化时,不会影响网侧的有功功率输出。图 5 – 18(b)所示为当设定的无功电流指令值和有功电流大小相等时,网侧 a 相电压与 a 相电流的相位关系,可知网侧的功率因数不为 1。图 5 – 18(c)所示为改变网侧无功电流给定值时,机侧有功无功电流波形,可看出其不受网侧改变的影响。如图 5 – 18(d)所示,网侧电流幅值变小,但电压不变。图 5 – 18(e)中的直流母线电压经短暂调整后保持不变。图 5 – 18(f)所示为机侧线电压波形。

图 5 – 19(a)所示为不采用均流控制时,并联变流器 a 相电流 i_{1a} 和 i_{2a},由图可见两者幅值相差较大。图 5 – 19(b)所示为采用均流控制时,并联变流器 a 相电流 i_{1a}、i_{2a} 及环流 i_H 波形,两个变流器同相输出的电流近似相同,有效值约为 7A,两者幅值和相位一致,变流器间环流 $i_H\approx0A$。这说明通过变流器的均流控制策略,两个变流器之间的环流可以得到很好的抑制,验证了提出的控制策略的正确性。

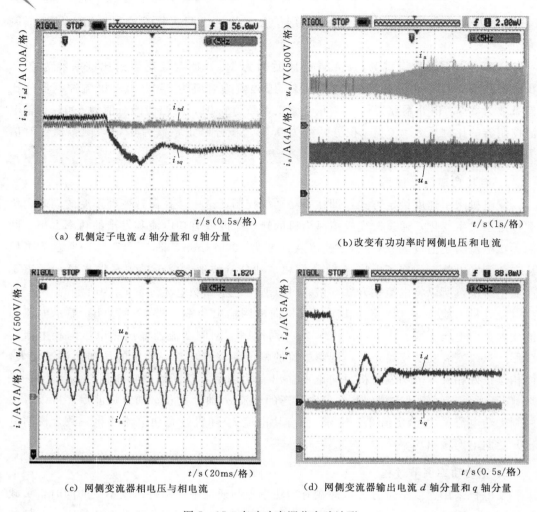

（a）机侧定子电流 d 轴分量和 q 轴分量　　　（b）改变有功功率时网侧电压和电流

（c）网侧变流器相电压与相电流　　　（d）网侧变流器输出电流 d 轴分量和 q 轴分量

图 5-17　有功功率调节实验波形

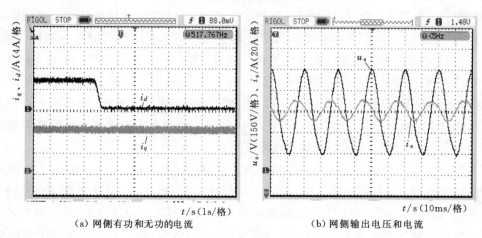

（a）网侧有功和无功的电流　　　（b）网侧输出电压和电流

图 5-18（一）　无功功率调节实验波形图

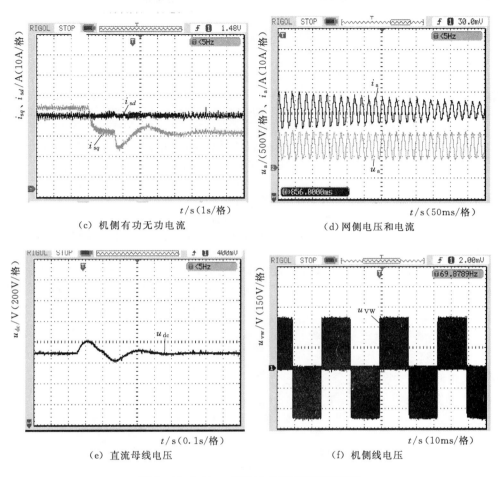

（c）机侧有功无功电流　　　　　　　　　（d）网侧电压和电流

（e）直流母线电压　　　　　　　　　　　（f）机侧线电压

图 5-18（二）　无功功率调节实验波形图

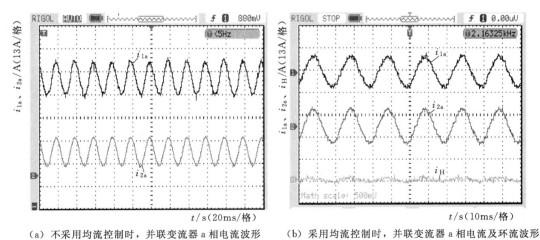

（a）不采用均流控制时，并联变流器 a 相电流波形　　　（b）采用均流控制时，并联变流器 a 相电流及环流波形

图 5-19　并联变流器 a 相电流及环流电流波形

参 考 文 献

［1］　汤蕴璆，史乃 . 电机学［M］. 北京：机械工业出版社，2002.

［2］　余浩赞 . 直驱风力发电机组机侧变流器控制系统设计与实现［D］. 长沙：湖南大学，2009.

［3］　姜燕，王耀南，肖磊，等 . 直驱式永磁同步风力发电机交错并联网侧变流器环流控制策略［J］.
　　　电工技术学报，2013，28（10）：217 - 223.

［4］　姜燕 . 直驱型永磁同步风力发电系统变流器控制方法研究［D］. 长沙：湖南大学，2013.

［5］　张兴，张崇巍 . PWM 可逆变流器空间电压矢量控制技术的研究［J］. 中国电机工程学报，
　　　2001，21（10）：102 - 105，109.

［6］　张崇巍，张兴 . PWM 整流器及其控制［M］. 北京：机械工业出版社，2003，15 - 16.

［7］　熊山 . 双馈风力发电系统网侧并联变流器环流控制研究［D］. 长沙：湖南大学，2011.

［8］　朱志杰，吴建德，何湘宁 . 基于 DSP 控制的逆变器并联［J］. 电源技术应用，2003，6（5）：
　　　202 - 204.

［9］　张兴华 . 空间矢量调制算法的 DSP 实现［J］. 微特电机，2004，32（1）：37 - 39，42.

［10］　余浩赞，王辉，黄守道 . 永磁同步电机控制系统全数字化实现［J］. 电力电子技术，2009，
　　　43（1）：25 - 27.

第6章 基于Z源变流器风力发电并网技术

6.1 基于Z源变流器的风力发电系统结构及原理

Z源网络结构具有灵活的升降压能力，将其与三相变流器组成Z源变流器，可运用到风力发电、光伏、电动汽车等领域。Z源变流器具有独特的直通工作状态，可通过调节直通时间来间接调节母线电压值，这在传统的变流器中是绝对不允许的。若Z源变流器的交流侧与风力发电机相连，则可以通过改变直通占空比来间接调节风速，从而让风力发电系统在较大的风速范围内运行，同时实现最大功率追踪。鉴于以上优点，Z源变流器应用在风力发电领域将具有不可估量的前景。

6.1.1 Z源变流器主电路

三相Z源变流器的并网拓扑结构如图6-1所示。由图6-1可知，Z源变流器由两个参数相同的电感 L_1、L_2 及电容 C_1、C_2 组成的X形对称结构与传统的变流器耦合而成。直流电压源经过Z源网络进行升降压，然后逆变为交流电。与传统变流器一样，根据电源性质和电路拓扑结构的不同，新型Z源变流器可以分为电压型Z源变流器和电流型Z源变流器，本章主要介绍的是电压型Z源变流器。

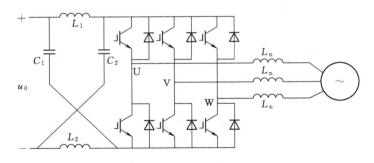

图6-1 三相Z源变流器的并网拓扑结构

Z源变流器由于同一桥臂上下开关管可以直通，因此其相比传统两电平电压型变流器多了一个开关量，总共有九个开关量，即6个传统非零矢量、2个零矢量、1个直通零矢量。根据三相Z源网络X形对称结构的对称原理和等效电路可以得到电感 L_1、L_2 和电容 C_1、C_2 满足以下关系

$$\begin{cases} L_1 = L_2 = L_z \\ C_1 = C_2 = C_z \end{cases}$$

$$(6-1)$$

$$\begin{cases} u_{L_1} = u_{L_2} = u_L \\ u_{C_1} = u_{C_2} = u_C \end{cases} \tag{6-2}$$

由上述可知，Z 源变流器相比传统电压型变流器多了一个直通零矢量，则 Z 源变流器就会出现直通状态和非直通状态两种特殊的工作状态，这两种工作状态的等效电路图分别如图 6-2 和图 6-3 所示。

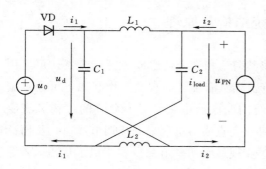

图 6-2　非直通状态等效电路图

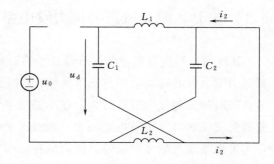

图 6-3　直通状态等效电路图

当 Z 源变流器处于非直通状态时，逆变桥可以用一个非零值电流源等效。此时二极管正向导通，电源给电容充电，电感和电源一起为负载供电，如图 6-2 所示，由式 (6-1)、式 (6-2) 和非直通等效电路可得

$$\begin{cases} u_0 = u_L + u_C \\ u_{PN} = u_C - u_L = 2u_C - u_0 \end{cases} \tag{6-3}$$

式中　u_0——Z 源网络输入电压，V；

　　　　u_L——Z 源网络电感电压，V；

　　　　u_C——Z 源网络电容电压，V；

　　　　u_{PN}——Z 源网络输出电压，V。

当 Z 源变流器处于直通状态时，此时二极管承受反压关断，Z 源网络与负载、电源分开，这时 Z 源网络的电容将向电感充电，则根据图 6-3 等效电路，有

$$u_L = u_C, u_d = 2u_C, u_{PN} = 0 \tag{6-4}$$

在一个开关周期 T 内，根据伏秒平衡原则，Z 源电感充放电的电压平均值应该为零，故有

$$\overline{u_L} = \frac{u_C T_0 + (u_C - u_{PN}) T_1}{T} = 0 \tag{6-5}$$

其中　　　　　　　　　　　$T = T_0 + T_1$

式中　T_0——直通时间；

　　　　T_1——非直通工作时间。

这里定义直通占空比 $d_0 = T_0/T$，整理可得

$$\frac{u_{PN}}{u_C} = \frac{(1-d_0)T + d_0 T}{(1-d_0)T} = \frac{1}{1-d_0} \tag{6-6}$$

$$\frac{u_C}{u_0} = \frac{(1-d_0)T}{(1-d_0)T - d_0 T} = \frac{1-d_0}{1-2d_0} \tag{6-7}$$

由式（6-6）和式（6-7）可得

$$u_{PN} = 2u_C - u_0 = \frac{1}{1-2d_0} u_0 = Bu_0 \tag{6-8}$$

式中 B——升压因子。

从式（6-7）可以看出，通过保持电容电压 u_C 不变，调节 d_0 即可间接调节 u_{PN}，这也就是 Z 源变流器升降压的一个特点。

另外，变流器在一个开关周期内的变流器两端电压的平均值为

$$\overline{u}_{PN} = \frac{T_0 \cdot 0 + T_1 (2u_C - u_0)}{T} = u_C \tag{6-9}$$

从式（6-9）可以看出，只要能够保持电容电压不变，变流器输入侧就能得到稳定的平均直流电压，那么变流器就能输出稳定的交流电，这对后面控制 Z 源变流器也提供一个理论依据。

本章参考文献 [5] 中指出，Z 源变流器的输出的相电压峰值 u_{ac} 可以表示为

$$u_{ac} = M \frac{u_i}{2} = MB \frac{u_0}{2} \tag{6-10}$$

式中 M——变流器的调制系数，且 $0 \leqslant M \leqslant 2/\sqrt{3}$；

u_i——逆变桥的直流电压；

u_0——Z 源变流器输入直流侧的电压。

从式（6-10）不难看出，通过改变升压因子 B 和调制系数 M 均能够实现交流侧输出电压升高或者降低。

6.1.2 三相 Z 源变流器非正常工作状态

由以上分析可知，Z 源变流器存在一种非正常的工作状态，一般出现在 Z 源变流器的非直通状态，这会极大地影响到 Z 源变流器的并网性能。

电压型 Z 源变流器有着严格的对称结构，Z 源网络的电容、电感参数完全一致，依据式（6-1）和图 6-2 可以得到

$$i_{L_1} = i_{L_2} = i_L \tag{6-11}$$

$$u_{PN} = 2u_C - u_0 \tag{6-12}$$

$$i_{VD} = 2i_L - i_i \tag{6-13}$$

式中 i_{VD}——二极管电流。

由上述分析可知，Z 源变流器就是通过提高式（6-12）中的 u_{PN} 电压来获得更高的

输出交流电压，当图6-2中二极管电流下降到零后，将会极大地影响到交流输出电压的质量，图6-3为二极管电流 $i_{VD}=0$ 时，Z源变流器处于传统零矢量和有效矢量时的等效电路图。

当 $i_{VD}=0$ 时，由图6-2和式（6-12）、式（6-13）可得

$$u_{PN}=u_C-u_L \tag{6-14}$$

$$i_i=2i_L \tag{6-15}$$

式中　i_i——直流母线电流。

出现这种不正常工作状态主要是电感值过小、负载轻或者功率因数低，在电感电流下降时，二极管电流出现断续，会导致它反向关断，电容开始向电感充电。Z源变流器存在以下三种额外的工作模式：

（1）模式1。当变流器处于传统6个非零矢量，且流过电感电流下降到直流母线电流 i_i 的一半时，流过二极管的电流将会变为0，二极管反向关断。如果负载是感性负载，且有感性负载值远大于Z源网络 L_1 和 L_2 的值，此时电感上电压降可以忽略，直流母线电压 u_{PN} 最大值钳位于Z源网络电容电压 u_C，如图6-4（a）所示。

（2）模式2。当变流器处于传统零矢量时，有 $i_i=0$。由于输入二极管反偏关断，电感上的电流下降到0。此时有Z源网络与左侧电源和右侧变流器隔离开来，负载的上下桥臂有源器件发生短路，如图6-4（b）所示。

（3）模式3。当变流器经过传统零矢量后，又进入了有效状态，此时当电感电流下降到直流母线电流 i_i 一半以下时，有电感处于续流状态。此时有变流器同一桥臂的有源器件体二极管导通，直流母线电压 u_{PN} 钳位到0，如图6-4（c）所示。

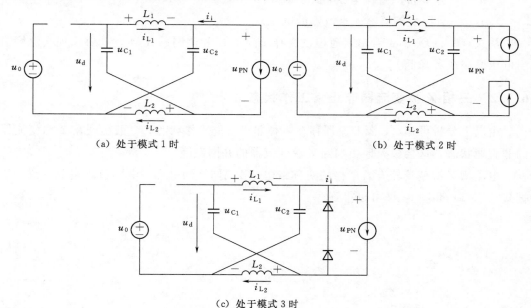

（a）处于模式1时　　　　　　　　　　（b）处于模式2时

（c）处于模式3时

图6-4　二极管断续时Z源变流器处于有效矢量状态和传统零矢量状态的等效图

由上述分析可知，Z源网络电容电压是稳定值，则 u_L 原来是固定值（u_0-u_C），当Z源变流器处于图6-4（a）所示的有效矢量状态时，u_L 变为一个不确定的数值，大小将由Z源网络的电感电流决定，由式（6-13）可知，变流器输入电压将受到Z源网络电感电压和电容电压的影响。由于在有效矢量时，电感电流 i_L 是一个缓慢增加的量，因此实际中 u_L 比零稍大。

当Z源变流器处于图6-4（b）所示的传统零矢量的状态时，由等效电路图可得 $i_i=0$，则有 $i_L=u_L=0$，即电感电流断续。由基尔霍夫电压定律得 $u_{PN}=u_C$。由于处于零矢量状态，Z源网络与逆变桥隔离，输入到变流器的电压不影响交流输出电压质量。

由以上分析可知，电感参数的设置对Z源网络十分重要，在设计Z源变流器时必须充分考虑电感对电路其他参数的影响。

6.1.3 基于三相Z源变流器的并网分析

基于Z源变流器的直驱永磁风力发电并网系统结构如图6-5所示，系统由直驱永磁风电机组、不可控变流器、Z源变流器及滤波电路组成。风电机组将风能转化为电能，经过不可控变流器变换为直流电，然后通过Z源变流器变为频率和电压幅值可调的交流电。Z源变流器通过其独特的直通零矢量，能够实现电压的灵活升降，并能使系统工作在较宽的工作电压范围内。

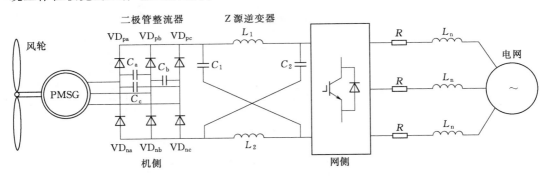

图6-5 基于Z源变流器的直驱永磁风力发电并网系统结构

三相Z源变流器可以看做Z源网络与传统三相电压源型并网变流器相结合，其数学模型与传统变流器的数学模型类似。当系统处于图6-2所示的非直通状态时，有

$$\begin{cases} C_Z \dfrac{du_C}{dt} = i_L - i_{load} \\ L_Z \dfrac{di_L}{dt} = -u_C + u_o \end{cases} \tag{6-16}$$

当系统处于图6-3所示的直通状态时，Z源网络的状态方程为

$$\begin{cases} C_Z \dfrac{du_C}{dt} = -i_L \\ L_Z \dfrac{di_L}{dt} = u_C \end{cases} \tag{6-17}$$

这里定义一个开关变量为 S_0，当 $S_0 = 0$ 时，表示系统处于非直通状态；当 $S_0 = 1$ 时，表示系统处于直通状态。联合式（6-16）和式（6-17）可以得到用开关函数描述 Z 源网络的状态方程

$$\begin{cases} C_Z \dfrac{\mathrm{d}u_C}{\mathrm{d}t} = (1 - 2S_0)i_L - (1 - S_0)i_{\text{load}} \\ L_Z \dfrac{\mathrm{d}i_L}{\mathrm{d}t} = -(1 - 2S_0)u_C + (1 - S_0)u_0 \end{cases} \qquad (6-18)$$

不考虑式（6-18）中高频分量，可以得到用占空比描述 Z 源网络的低频状态方程

$$\begin{cases} C_Z \dfrac{\mathrm{d}u_C}{\mathrm{d}t} = (1 - 2d_0)i_L - (1 - d_0)i_{\text{load}} \\ L_Z \dfrac{\mathrm{d}i_L}{\mathrm{d}t} = -(1 - 2d_0)u_C + (1 - d_0)u_0 \end{cases} \qquad (6-19)$$

依照图 6-1 所示的三相 Z 源变流器拓扑结构建立的数学模型作如下假设：

（1）网侧电感呈线性，不会出现饱和现象。

（2）电网电动势是纯正弦波形且三相对称。

（3）功率开关管的损耗可以等效为一个电阻。

由于三相电动势是对称的，则只需分析三相中一相，其余两相在空间上相差 120°，图 6-6 所示为 A 相等效电路图。

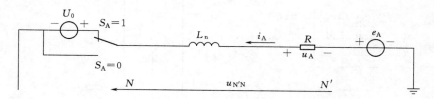

图 6-6　变流器 A 相等效电路图

定义单极性逻辑开关函数 S_k 为

$$S_k = \begin{cases} 1 & \text{（上桥臂导通，下桥臂关断）} \\ 0 & \text{（上桥臂关断，下桥臂导通）} \end{cases} \qquad (6-20)$$

根据基尔霍夫电压定律，图 6-6 所示 A 相等效电路图，可以得到 A 相回路方程为

$$e_A - u_A - u_{N'N} = Ri_A + L_n \dfrac{\mathrm{d}i_A}{\mathrm{d}t} \qquad (6-21)$$

式中　u_A——变流器输出的基波电压；

　　　$u_{N'N}$——变流器直流侧负极电势与电网电势零点之间的电压差；

　　　i_A——流过 A 相的基波电流。

由于 $u_A = S_a u_{PN}$，则式（6-21）可以变为

$$e_A - S_a u_{PN} - u_{N'N} = Ri_A + L_n \dfrac{\mathrm{d}i_A}{\mathrm{d}t} \qquad (6-22)$$

由于交流侧三相对称 $e_a + e_b + e_c = 0$，有

$$u_{N'N} = -\frac{\hat{u}_{PN}}{3} \sum_{k=a,b,c} S_k \qquad (6-23)$$

整理可得到 A、B、C 相数学模型如下

$$\begin{cases} L_n \dfrac{\mathrm{d}i_A}{\mathrm{d}t} = e_a - \hat{u}_{PN}\left(S_a - \dfrac{1}{3}\sum_{k=a,b,c} S_k\right) - i_A R \\[2mm] L_n \dfrac{\mathrm{d}i_B}{\mathrm{d}t} = e_b - \hat{u}_{PN}\left(S_b - \dfrac{1}{3}\sum_{k=a,b,c} S_k\right) - i_B R \\[2mm] L_n \dfrac{\mathrm{d}i_C}{\mathrm{d}t} = e_c - \hat{u}_{PN}\left(S_c - \dfrac{1}{3}\sum_{k=a,b,c} S_k\right) - i_C R \end{cases} \qquad (6-24)$$

为了简化数学模型，可以忽略式（6-24）中的高频分量，采用占空比描述变流器低频数学模型，定义 d_k（$k=a$，b，c）为对应相的占空比，则得

$$\begin{cases} L_n \dfrac{\mathrm{d}i_A}{\mathrm{d}t} = e_a - \hat{u}_{PN}\left(d_a - \dfrac{1}{3}\sum_{k=a,b,c} d_k\right) - i_A R \\[2mm] L_n \dfrac{\mathrm{d}i_B}{\mathrm{d}t} = e_b - \hat{u}_{PN}\left(d_b - \dfrac{1}{3}\sum_{k=a,b,c} d_k\right) - i_B R \\[2mm] L_n \dfrac{\mathrm{d}i_C}{\mathrm{d}t} = e_c - \hat{u}_{PN}\left(d_c - \dfrac{1}{3}\sum_{k=a,b,c} d_k\right) - i_C R \end{cases} \qquad (6-25)$$

由式（6-7）和式（6-8）变换可知：

$$\hat{u}_{PN} = \frac{u_C}{1 - d_0} \qquad (6-26)$$

联立式（6-19）、式（6-25）和式（6-26）可得

$$\begin{cases} L_n \dfrac{\mathrm{d}i_A}{\mathrm{d}t} = e_a - \dfrac{u_C}{1-d_0}\left(d_a - \dfrac{1}{3}\sum_{k=a,b,c} d_k\right) - i_A R \\[2mm] L_n \dfrac{\mathrm{d}i_B}{\mathrm{d}t} = e_b - \dfrac{u_C}{1-d_0}\left(d_b - \dfrac{1}{3}\sum_{k=a,b,c} d_k\right) - i_B R \\[2mm] L_n \dfrac{\mathrm{d}i_C}{\mathrm{d}t} = e_c - \dfrac{u_C}{1-d_0}\left(d_c - \dfrac{1}{3}\sum_{k=a,b,c} d_k\right) - i_C R \\[2mm] C_Z \dfrac{\mathrm{d}u_C}{\mathrm{d}t} = (1-2d_0)i_L - (1-d_0)i_{load} \\[2mm] L_Z \dfrac{\mathrm{d}i_L}{\mathrm{d}t} = -(1-2d_0)u_C + (1-d_0)u_0 \end{cases} \qquad (6-27)$$

由于三相系统对称，则有

$$i_{load} = -(i_A d_a + i_B d_b + i_C d_c) \qquad (6-28)$$

根据 Clark、Park 坐标变换，将式（6-27）变换到同步旋转坐标系下，有

$$\begin{cases} L_n \dfrac{\mathrm{d}i_d}{\mathrm{d}t} = e_d - \dfrac{u_C}{1-d_0}d_d - i_d R + \omega L_n i_q \\[2mm] L_n \dfrac{\mathrm{d}i_q}{\mathrm{d}t} = e_q - \dfrac{u_C}{1-d_0}d_q - i_q R - \omega L_n i_d \\[2mm] C_Z \dfrac{\mathrm{d}u_C}{\mathrm{d}t} = (1-2d_0)i_L + \dfrac{3}{2}(1-d_0)(i_d d_d + i_q d_q) \\[2mm] L_Z \dfrac{\mathrm{d}i_L}{\mathrm{d}t} = -(1-2d_0)u_C + (1-d_0)u_0 \end{cases} \tag{6-29}$$

式中　i_d、i_q——网侧电流在 dq 坐标系下的分量；

　　　e_d、e_q——电网电动势在 dq 坐标系下的分量；

　　　d_d、d_q——PWM 占空比在 dq 坐标系下的分量。

根据一个开关周期内，稳态情况下电容两端的平均电流值应该为 0，则有

$$d_0(-i_L) + (1-d_0)i_C = 0 \tag{6-30}$$

将式（6-30）代入式（6-29）可得

$$\begin{cases} L_n \dfrac{\mathrm{d}i_d}{\mathrm{d}t} = e_d - \dfrac{u_C}{1-d_0}d_d - i_d R + \omega L_n i_q \\[2mm] L_n \dfrac{\mathrm{d}i_q}{\mathrm{d}t} = e_q - \dfrac{u_C}{1-d_0}d_q - i_q R - \omega L_n i_d \\[2mm] C_Z \dfrac{-2d_0^2 + 4d_0 - 1}{d_0(1-d_0)} \dfrac{\mathrm{d}u_C}{\mathrm{d}t} = \dfrac{3}{2}(i_d d_d + i_q d_q) \\[2mm] L_Z \dfrac{\mathrm{d}i_L}{\mathrm{d}t} = -(1-2d_0)u_C + (1-d_0)u_0 \end{cases} \tag{6-31}$$

根据式（6-31）可得到同步旋转坐标系下的 Z 源变流器并网的模型结构如图 6-7 所示。

根据上述分析可以看出三相 Z 源并网变流器的数学模型和传统的电压型变流器的

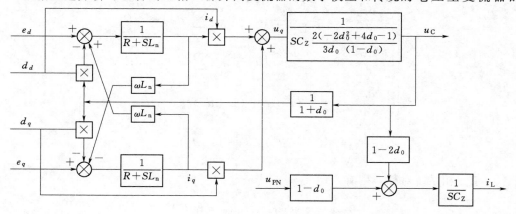

图 6-7　同步旋转坐标系下的 Z 源变流器并网的模型结构

数学模型很相似，由图 6-7 可知，若把占空比变量 d_0 看做动态过程的常量，则不会影响到电流内环，只对电压外环有影响。鉴于此，可以推断出传统变流器的相关电流控制策略同样能够适用于 Z 源并网变流器。

6.2 基于 Z 源变流器的风力发电系统直通零矢量控制策略

由式（6-7）可知，当稳定电容电压后，输入到逆变桥的电压大小就只与直通占空比 d_0 有关。而直驱永磁风力发电机的端电压则是由发电机转速所决定的，因此，变流器的输入电压 U_i 与发电机转速相关。

直驱永磁风力发电机的稳态感应电动势和转矩方程为

$$T_e = K_t I_a \tag{6-32}$$

$$E = K_e \omega_r \tag{6-33}$$

式中　K_t——转矩常数；

　　　I_a——定子电流；

　　　K_e——反电动势常数。

根据直驱永磁风力发电机特性，有

$$E^2 = U^2 + (I_a \omega_r L_s)^2 \tag{6-34}$$

式中　U——永磁风力发电机的端电压；

　　　L_s——定子等效电感。

直驱永磁风力发电机发出的电能经过不可控变流器整流成直流电，则经过不可控变流器整流后的直流母线电压可以表示为

$$u_0 = \frac{3\sqrt{6}}{\pi} U \tag{6-35}$$

由式（6-32）~式（6-35）可以得到

$$u_0 = \frac{3\sqrt{6}}{\pi} \omega_r \sqrt{K_e^2 - \left(\frac{T_e L_s^2}{K_t}\right)} \tag{6-36}$$

当系统处于稳态运行时，且忽略摩擦阻力转矩等因素，此时发电机的电磁转矩与风力机的气动转矩相等，T_e 与 ω_r 相关，同样由式（6-36）可以看出，输入整流后的直流母线电压只与 ω_r 相关，又由式（6-7）可知，当稳定 Z 源网络电容电压后，调节直通零矢量就可以达到调节 u_0 的大小的目的。综上所述，可以通过调节直通零矢量间接调整 ω_r 大小即风力机的转速。图 6-8 所示为直通零矢量的控制策略图，采用电压外环电流内环，给定输入变流器电压 u_{PN}^* 与实际采样得到的电压 u_{PN} 进行比较，得到电感电流给定值 i_L^*，并与实际采样得到的电感电流值 i_L 比较得到直通占空比 d_0，其中经过低通滤波器滤除高次谐波。

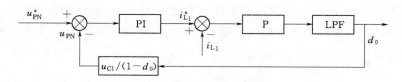

图 6-8　直通零矢量的控制策略图

6.3　基于 Z 源变流器的无差拍并网控制策略

Z 源变流器的数学模型和传统电压型变流器的数学模型相似，传统电压型变流器的电流控制策略同样可以运用到 Z 源变流器中。

6.3.1　Z 源变流器控制策略

Z 源变流器的控制策略可以分为以下几类：

（1）矢量控制。这种控制策略原理简单，但通常需要进行 Clark、Park 变化，计算量较多，降低了系统的动态响应速度和效率。

（2）Z 源并网变流器的比例谐振（PR）控制。比例谐振控制器通常由一个比例积分控制器和一个谐振控制器组成，比例积分控制器在基频处的增益一般很大，但在非基波频率处的增益很小，能够直接对基频为正弦信号的交流量实现无静差调节，相比于矢量控制，比例谐振控制能实现稳态状态下零静差的目标，但存在明显的不足，即会造成系统的动态响应不佳。

（3）滞环控制。滞环控制以并网电流为直接控制目标，利用变流器实际电流和给定电流进行比较，然后通过滞环比较器产生开关管的控制信号。但滞环控制会使得开关频率不恒定，开关损耗比较大和输出滤波器设计比较困难。

（4）滑模控制。滑模控制是一种非线性的控制方法，具有较好的鲁棒性和自适应特性，能够有效消除 Z 源网络因非最小相位性质对系统鲁棒性和稳定性的影响。但是滑模控制存在系统控制效果易受到采样频率的影响、控制系统设计较难等问题。

（5）无差拍控制。无差拍控制是一种基于被控对象精确数学模型的控制方法，主要思想是：根据变流器的状态方程和输出反馈信号推算出下一个周期的 PWM 脉冲宽度，要求必须在当前时刻计算出当拍的脉宽输出，否则会影响到系统的快速性和稳定性，它的不足之处是对系统参数敏感性较强，选择合适的参数比较重要。

本书主要从基于电流内环的无差拍控制来分析系统的工作情况。

6.3.2　无差拍并网控制策略

无差拍控制是一种数字化的 PWM 控制方法，由卡尔曼于 1959 年提出，并于 20 世纪 80 年代中期开始大范围应用于变流器的控制，它具有动态响应速度快、精度高、系统控制简单等特点。无差拍控制是一种基于微机实现的脉宽调制控制方案，其本质是将系统的模型离散化，根据变流器的状态方程和输出反馈信号来计算变流器在下一个采样周期的脉冲宽度，控制开关动作使下一个采样时刻的输出准确跟踪参考电压。

令 u_d、u_q 分别为

$$\begin{cases} u_d = \dfrac{u_C}{1-d_0} d_d \\[3mm] u_q = \dfrac{u_C}{1-d_0} d_q \end{cases} \tag{6-37}$$

式中　u_d、u_q——三相 Z 源变流器交流侧电压矢量在 d 轴与 q 轴的分量。

将式 (6-37) 代入式 (6-31) 中，可得

$$\begin{cases} L_n \dfrac{\mathrm{d}i_d}{\mathrm{d}t} = e_d - u_d - i_d R + \omega L_n i_q \\[3mm] L_n \dfrac{\mathrm{d}i_q}{\mathrm{d}t} = e_q - u_q - i_q R - \omega L_n i_d \end{cases} \tag{6-38}$$

从式 (6-38) 中可以看出，d 轴分量与 q 轴分量出现了相互耦合现象，可以采用类似于传统变流器控制策略中前馈解耦的处理方法。当电流调节器采用了 PI 调节器后，可以得到

$$\begin{cases} u_d = -\left(K_P + \dfrac{K_I}{s}\right)(i_d^* - i_d) + \omega L_n i_q + e_d \\[3mm] u_q = -\left(K_P + \dfrac{K_I}{s}\right)(i_q^* - i_q) + \omega L_n i_d + e_q \end{cases} \tag{6-39}$$

式中　K_P、K_I——电流内环比例和积分调节增益；

　　　i_d^*、i_q^*——i_d、i_q 电流指令值。

由于 $T_s = 1/f_k$（f_k 为采样频率），采样频率远高于电网频率，则在一个采样周期 T_s 内，利用差分方程可以将式 (6-39) 进行离散化，可得

$$\begin{cases} i_d(k+1) = \left(1 - \dfrac{TR}{L_n}\right) i_d(k) + T\omega i_q(k) + \dfrac{T}{L_n}[e_d(k) - u_d(k)] \\[3mm] i_q(k+1) = \left(1 - \dfrac{TR}{L_n}\right) i_q(k) + T\omega i_d(k) + \dfrac{T}{L_n}[e_q(k) - u_q(k)] \end{cases} \tag{6-40}$$

无差拍本质是在每一个开关周期，实现对当前周期结束时或者下一个周期开始时的电流给定值的追踪，可令

$$\begin{bmatrix} i_d(k+1) \\ i_q(k+1) \end{bmatrix} = \begin{bmatrix} i_d^*(k+1) \\ i_q^*(k+1) \end{bmatrix} \tag{6-41}$$

联立式 (6-40) 和式 (6-41) 可得

$$\begin{cases} u_d(k) = -\dfrac{L_n}{T} i_d^*(k+1) - \left(R - \dfrac{L_n}{T}\right) i_d(k) + \omega L_n i_q(k) + e_d(k) \\[3mm] u_q(k) = -\dfrac{L_n}{T} i_q^*(k+1) - \left(R - \dfrac{L_n}{T}\right) i_q(k) + \omega L_n i_d(k) + e_q(k) \end{cases} \tag{6-42}$$

本控制系统电压外环同样采用 PI 调节器，通过采集 Z 源网络电容电压与给定值相

比较，产生 d 轴电流给定值。二阶泰勒展开式计算 $kt+1$ 时刻的电流预测值为

$$\begin{cases} i_d(k+1) = 1.75i_d - i_d(k-1) + 0.25i_d(k-2) \\ i_q(k+1) = 1.75i_q - i_q(k-1) + 0.25i_q(k-2) \end{cases} \qquad (6-43)$$

由式（6-42）可以得到无差拍电流内环的控制框图，如图 6-9 所示。

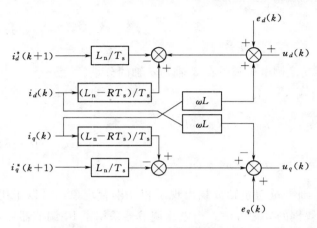

图 6-9　电流内环无差拍控制算法框图

在传统的三相对称系统中，对于基于电网电压定向的 Z 源并网变流器的控制，通常需要采用三个电压传感器、两个电流传感器检测线电压、线电流及直流母线电压，因此系统成本高，而且传感器存在检测误差。为降低系统成本，提高可靠性，本书采用虚拟磁链观测器，省略锁相环，避免复杂计算过程，提高系统动态响应速度。

假设电网电动势 e_a、e_b、e_c 是通过三相绕组切割某个旋转磁场产生，则电网电动势和虚拟磁链满足

$$E = \frac{\mathrm{d}\psi}{\mathrm{d}t} \qquad (6-44)$$

由式（6-27）可以推导出三相 Z 源变流器在两相静止坐标系下的数学模型为

$$\begin{cases} L_n \dfrac{\mathrm{d}i_\alpha}{\mathrm{d}t} + i_\alpha R = e_\alpha - \dfrac{u_C}{1-d_0}d_\alpha \\ L_n \dfrac{\mathrm{d}i_\beta}{\mathrm{d}t} + i_\beta R = e_\beta - \dfrac{u_C}{1-d_0}d_\beta \end{cases} \qquad (6-45)$$

在式（6-45）中，令

$$\begin{cases} u_\alpha = \dfrac{u_C}{1-d_0}d_\alpha \\ u_\beta = \dfrac{u_C}{1-d_0}d_\beta \end{cases} \qquad (6-46)$$

假设三相电网电压是平衡的，忽略网侧电抗器和电阻，联立式（6-45）与式（6-46），则式（6-46）变为

$$\begin{cases} e_\alpha = L_n \dfrac{\mathrm{d}i_\alpha}{\mathrm{d}t} + u_\alpha \\ e_\beta = L_n \dfrac{\mathrm{d}i_\beta}{\mathrm{d}t} + u_\beta \end{cases} \qquad (6-47)$$

其中
$$\begin{cases} u_\alpha = \dfrac{2}{3} \times \dfrac{u_C}{1 - d_0}\left[d_a - \dfrac{1}{2}(d_b + d_c) \right] \\ u_\beta = \dfrac{\sqrt{3}}{3} \times \dfrac{u_C}{1 - d_0}(d_b - d_c) \end{cases} \tag{6-48}$$

结合式（6-44）和式（6-47）可以得到
$$\begin{cases} \psi_\alpha = \displaystyle\int u_\alpha \mathrm{d}t + Li_\alpha \\ \psi_\beta = \displaystyle\int u_\beta \mathrm{d}t + Li_\beta \end{cases} \tag{6-49}$$

根据式（6-47）可以计算出电网虚拟磁链的角度为
$$\begin{cases} \sin\theta = \dfrac{\psi_\beta}{\sqrt{(\psi_\alpha^2 + \psi_\beta^2)}} \\ \cos\theta = \dfrac{\psi_\alpha}{\sqrt{(\psi_\alpha^2 + \psi_\beta^2)}} \end{cases} \tag{6-50}$$

由图 6-10 可以看出：虚拟磁链定向的基本思想是：将电网电压矢量定在 q 轴，将虚拟磁链 ψ 在 $\alpha\beta$ 静止坐标系下进行分解，得到 ψ_α 与 ψ_β，然后根据矢量的运算法则，求得式（6-50），这里电网电压矢量超前磁链矢量 90°，得到传统虚拟磁链定向框图如图 6-11 所示。

式（6-48）存在着积分环节，传统的积分环节虽然结构简单，但是纯积分环节容易造成虚拟磁链观测器的输出饱和、积分漂移的问题，从而

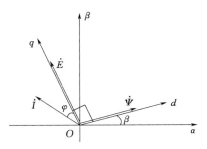

图 6-10 虚拟磁链定向矢量框图

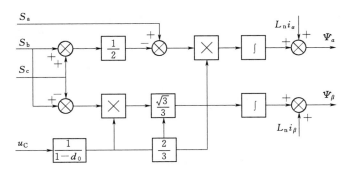

图 6-11 传统虚拟磁链定向框图

影响系统定位的准确性。为了避免上述问题，采用改进型虚拟磁链观测器，利用低通滤波器（low pass filter，LPF）和高通滤波器（high pass filter，HPF）取代纯积分环节。

先通过低通滤波器滤除高次谐波，最后通过高通滤波器对其相位和幅值进行补偿，这样就能够降低纯积分环节带来的漂移问题。

由低通滤波器和高通滤波器组成的虚拟磁链观测器在复域里的传递函数为

$$\psi(s) = \frac{1}{s + k_1 \omega_s} \frac{s}{s + k_2 \omega_s} E(s) \tag{6-51}$$

式中　ω_s——电网的基波频率；

　　$k_1 \omega_s$——低通滤波器的截止频率；

　　$k_2 \omega_s$——高通滤波器的截止频率。

通常取 $k_1 = 0.2$，且有 $k_2 = 0.5 k_1$。由式（6-44）可以得到电网电动势和虚拟磁链在频域中表达式为

$$\psi = \frac{E}{j \omega_s} \tag{6-52}$$

式（6-51）中令 $s = j \omega_s$，可以得到改进型虚拟磁链观测器在频域中的传递函数为

$$\psi'(j \omega_s) = \frac{1}{j \omega_s + k_1 \omega_s} \frac{j \omega_s}{j \omega_s + k_2 \omega_s} E \tag{6-53}$$

联立式（6-52）和式（6-53）可以得到

$$\psi = \psi'(1 - jk_1)(1 - jk_2) = (\psi'_\alpha + j\psi'_\beta)(1 - jk_1)(1 - jk_2) = \psi_\alpha + j\psi_\beta \tag{6-54}$$

依据待定系数法可以由式（6-54）得到虚拟磁链在 α 轴和 β 轴上的分量为

$$\begin{cases} \psi_\alpha = (1 - k_1 k_2)\psi'_\alpha - j(k_1 + k_2)\psi'_\alpha \\ \psi_\beta = (1 - k_1 k_2)\psi'_\beta - j(k_1 + k_2)\psi'_\beta \end{cases} \tag{6-55}$$

结合以上式子，可以得到改进后的虚拟磁链定向补偿后的框图，如图 6-12 所示。

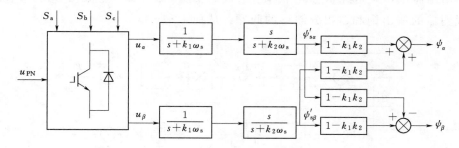

图 6-12　基于虚拟磁链定向补偿后框图

综合上述分析，基于改进型虚拟磁链观测器的工作原理是：首先给一个初始相位为零、直流偏置只有 1% 的一个特定输入信号，然后将该信号依次经过低通滤波器和高通滤波器得到 $\psi'_{s\alpha}$ 和 $\psi'_{s\beta}$，通过对其进行如式（6-55）所示的计算，最后得到磁链在 α 轴和 β 轴上补偿后的分量。采用这种改进型虚拟磁链定向方式，不仅能够消除积分漂移的问题，而且能够提高系统精度，减少相位和幅值误差。

根据本节控制方法，基于 Z 源的风电并网无差拍控制系统如图 6-13 所示。

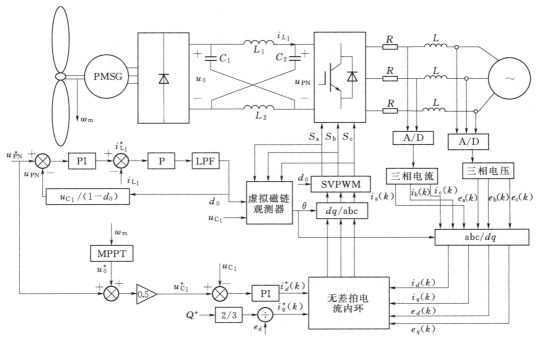

图 6-13　基于 Z 源的风电并网无差拍控制系统

6.4　基于 Z 源变流器的风力发电系统不对称故障穿越策略

　　交流电网发生单相接地故障、两相接地故障和两相相间短路故障时，将导致电网电压出现不对称的情况，因此研究电网电压不对称故障下直驱永磁风力发电变流系统的运行特性，可以最大限度地保证风力发电系统在电网电压发生不对称故障时的不间断运行，提高系统的稳定性。在电网电压不对称故障下，当以维持变流器有功功率恒定为控制目标时，可以消除母线电容上的二倍工频纹波，但变流器三相输出电流不对称，不仅会增大线路和变压器损耗，还会反过来加重电网电压的不对称度，不利于电网电压的恢复。

　　本节以维持变流器三相输出电流对称为控制目标，介绍一种基于半准 Z 源变流器的直驱永磁风力发电系统不对称故障穿越策略，采用比例积分谐振控制器使系统储能装置的功率吞吐量无静差跟踪直驱永磁同步风力发电机输出功率和半准 Z 源变流器输出功率之差，这样不仅限制了故障时半准 Z 源网络电容电压的泵升，还消除了半准 Z 源网络电容上的二倍工频纹波。

6.4.1　基于电网电压正负序定向的 Z 源变流器并网控制策略

　　电网发生单相接地短路、两相相间短路以及两相接地短路故障时，电网电压可以分解为正序分量、负序分量和零序分量，当采用三相无中线并网时，在 abc 坐标系下，不

对称电压 $[u_a u_b u_c]^{\mathrm{T}}$ 与不对称电流 $[i_a i_b i_c]^{\mathrm{T}}$ 可采用对称分量法分别分解成正序分量 $[u_a^{\mathrm{P}} u_b^{\mathrm{P}} u_c^{\mathrm{P}}]^{\mathrm{T}}$、$[i_a^{\mathrm{P}} i_b^{\mathrm{P}} i_c^{\mathrm{P}}]^{\mathrm{T}}$ 与负序分量 $[u_a^{\mathrm{N}} u_b^{\mathrm{N}} u_c^{\mathrm{N}}]^{\mathrm{T}}$、$[i_a^{\mathrm{N}} i_b^{\mathrm{N}} i_c^{\mathrm{N}}]^{\mathrm{T}}$，而没有零序分量。

在 ABC 坐标系下，电网不对称电压可表示为

$$\begin{cases} u_a = u_a^{\mathrm{P}} + u_a^{\mathrm{N}} \\ u_b = u_b^{\mathrm{P}} + u_b^{\mathrm{N}} \\ u_c = u_c^{\mathrm{P}} + u_c^{\mathrm{N}} \end{cases} \tag{6-56}$$

其中

$$\begin{cases} u_a^{\mathrm{P}} = U_{ap}^{\mathrm{P}} \cos(\omega t + \theta_U^{\mathrm{P}}) \\ u_a^{\mathrm{N}} = U_{ap}^{\mathrm{N}} \cos(\omega t + \theta_U^{\mathrm{N}}) \\ u_b^{\mathrm{P}} = U_{ap}^{\mathrm{P}} \cos(\omega t - 2\pi/3 + \theta_U^{\mathrm{P}}) \\ u_b^{\mathrm{N}} = U_{ap}^{\mathrm{N}} \cos(\omega t - 2\pi/3 + \theta_U^{\mathrm{N}}) \\ u_c^{\mathrm{P}} = U_{ap}^{\mathrm{P}} \cos(\omega t + 2\pi/3 + \theta_U^{\mathrm{P}}) \\ u_c^{\mathrm{N}} = U_{ap}^{\mathrm{N}} \cos(\omega t + 2\pi/3 + \theta_U^{\mathrm{N}}) \end{cases} \tag{6-57}$$

式中　U_{ap}^{P}、U_{ap}^{N}——正序、负序电网电压分量的幅值；

ω——电网电压的角频率；

θ_U^{P}、θ_U^{N}——正序、负序电网电压分量的初相角。

在 abc 坐标系下，电网不对称电流可表示为

$$\begin{cases} i_a = i_a^{\mathrm{P}} + i_a^{\mathrm{N}} \\ i_b = i_b^{\mathrm{P}} + i_b^{\mathrm{N}} \\ i_c = i_c^{\mathrm{P}} + i_c^{\mathrm{N}} \end{cases} \tag{6-58}$$

其中

$$\begin{cases} i_a^{\mathrm{P}} = I_{ap}^{\mathrm{P}} \cos(\omega t + \theta_I^{\mathrm{P}}) \\ i_a^{\mathrm{N}} = I_{ap}^{\mathrm{N}} \cos(\omega t + \theta_I^{\mathrm{N}}) \\ i_b^{\mathrm{P}} = I_{ap}^{\mathrm{P}} \cos(\omega t - 2\pi/3 + \theta_I^{\mathrm{P}}) \\ i_b^{\mathrm{N}} = I_{ap}^{\mathrm{N}} \cos(\omega t - 2\pi/3 + \theta_I^{\mathrm{N}}) \\ i_c^{\mathrm{P}} = I_{ap}^{\mathrm{P}} \cos(\omega t + 2\pi/3 + \theta_I^{\mathrm{P}}) \\ i_c^{\mathrm{N}} = I_{ap}^{\mathrm{N}} \cos(\omega t + 2\pi/3 + \theta_I^{\mathrm{N}}) \end{cases} \tag{6-59}$$

式中　I_{ap}^{P}、I_{ap}^{N}——正序、负序电网电流分量的幅值；

θ_I^{P}、θ_I^{N}——正序、负序电网电流分量的初相角。

同理，在 $\alpha\beta$ 静止坐标系下，不对称电压和不对称电流可以表示为

$$\begin{cases} u_\alpha = u_\alpha^{\mathrm{P}} + u_\alpha^{\mathrm{N}} \\ u_\beta = u_\beta^{\mathrm{P}} + u_\beta^{\mathrm{N}} \end{cases} \tag{6-60}$$

$$\begin{cases} i_\alpha = i_\alpha^{\mathrm{P}} + i_\alpha^{\mathrm{N}} \\ i_\beta = i_\beta^{\mathrm{P}} + i_\beta^{\mathrm{N}} \end{cases} \tag{6-61}$$

在 dq 旋转坐标系下，不对称电压和不对称电流可以表示为

$$\begin{cases} u_d = u_d^{\mathrm{P}} + u_d^{\mathrm{N}} \\ u_q = u_q^{\mathrm{P}} + u_q^{\mathrm{N}} \end{cases} \tag{6-62}$$

$$\begin{cases} i_d = i_d^{\text{P}} + i_d^{\text{N}} \\ i_q = i_q^{\text{P}} + i_q^{\text{N}} \end{cases} \tag{6-63}$$

根据瞬时功率理论，半准 Z 源变流器复功率表示为

$$\begin{aligned} S &= P_{\text{g}} + \mathrm{j} Q_{\text{g}} \\ &= 1.5 (\mathrm{e}^{\mathrm{j}\omega t} u_{dq}^{\text{P}} + \mathrm{e}^{-\mathrm{j}\omega t} u_{dq}^{\text{P}})(\mathrm{e}^{\mathrm{j}\omega t} i_{dq}^{\text{N}} + \mathrm{e}^{-\mathrm{j}\omega t} i_{dq}^{\text{N}})^* \\ &= [P_0 + P_{c2}\cos(2\omega t) + P_{s2}\sin(2\omega t)] + \mathrm{j}[Q_0 + Q_{c2}\cos(2\omega t) + Q_{s2}\sin(2\omega t)] \end{aligned} \tag{6-64}$$

其中

$$\begin{cases} P_0 = \dfrac{3}{2}(u_d^{\text{P}} i_d^{\text{P}} + u_q^{\text{P}} i_q^{\text{P}} + u_d^{\text{N}} i_d^{\text{N}} + u_q^{\text{N}} i_q^{\text{N}}) \\[6pt] Q_0 = \dfrac{3}{2}(u_q^{\text{P}} i_d^{\text{P}} - u_d^{\text{P}} i_q^{\text{P}} + u_q^{\text{N}} i_d^{\text{N}} - u_d^{\text{N}} i_q^{\text{N}}) \\[6pt] P_{c2} = \dfrac{3}{2}(u_d^{\text{P}} i_d^{\text{N}} + u_q^{\text{P}} i_q^{\text{N}} + u_d^{\text{N}} i_d^{\text{P}} + u_q^{\text{N}} i_q^{\text{P}}) \\[6pt] Q_{c2} = \dfrac{3}{2}(u_q^{\text{P}} i_d^{\text{N}} - u_d^{\text{P}} i_q^{\text{N}} + u_q^{\text{N}} i_d^{\text{P}} - u_d^{\text{N}} i_q^{\text{P}}) \\[6pt] P_{s2} = \dfrac{3}{2}(u_q^{\text{N}} i_d^{\text{P}} - u_d^{\text{N}} i_q^{\text{P}} - u_q^{\text{P}} i_d^{\text{N}} + u_d^{\text{P}} i_q^{\text{N}}) \\[6pt] Q_{s2} = \dfrac{3}{2}(u_d^{\text{N}} i_d^{\text{P}} + u_q^{\text{N}} i_q^{\text{P}} - u_d^{\text{P}} i_d^{\text{N}} - u_q^{\text{P}} i_q^{\text{N}}) \end{cases} \tag{6-65}$$

式中　P_{g}、Q_{g}——半准 Z 源变流器并网有功功率和无功功率。

　　P_0、Q_0——有功功率、无功功率平均值；

　　P_{c2}、Q_{c2}——二次侧有功功率、无功功率余弦项谐波幅值；

　　P_{s2}、Q_{s2}——二次侧有功功率、无功功率正弦项谐波幅值。

可见在电网电压不对称时，半准 Z 源变流器的输出功率中存在着二倍工频的功率波动，将电网电压定向控制策略引入正负序网络，在正序网络中将 d^{P} 轴定向于正序电压矢量方向，在负序网络中将 d^{N} 轴定向于负序电压矢量的方向，由此可得

$$\begin{cases} u_d^{\text{P}} = U^{\text{P}} \\ u_q^{\text{P}} = 0 \end{cases}, \begin{cases} u_d^{\text{N}} = u^{\text{N}} \\ u_q^{\text{N}} = 0 \end{cases} \tag{6-66}$$

将式（6-66）带入式（6-65），得

$$\begin{cases} P_0 = \dfrac{3}{2}(U^{\text{P}} i_d^{\text{P}} + U^{\text{N}} i_d^{\text{N}}) \\[6pt] Q_0 = \dfrac{3}{2}(-U^{\text{P}} i_q^{\text{P}} - U^{\text{N}} i_q^{\text{N}}) \\[6pt] P_{c2} = \dfrac{3}{2}(U^{\text{P}} i_d^{\text{N}} + U^{\text{N}} i_d^{\text{P}}) \\[6pt] Q_{c2} = \dfrac{3}{2}(-U^{\text{P}} i_q^{\text{N}} - U^{\text{N}} i_q^{\text{P}}) \\[6pt] P_{s2} = \dfrac{3}{2}(-U^{\text{N}} i_q^{\text{P}} + U^{\text{P}} i_q^{\text{N}}) \\[6pt] Q_{s2} = \dfrac{3}{2}(U^{\text{N}} i_d^{\text{P}} - U^{\text{P}} i_d^{\text{N}}) \end{cases} \tag{6-67}$$

由式（6-54）～式（6-67）可知，电网电压发生不对称故障下，功率流经变流器并网将导致有功功率和无功功率的二倍工频波动，这是由电网电压和并网电流中的负序分量引起的。

当以维持并网有功功率为控制目标时，将式 $P_{c2}=0$ 和式 $P_{s2}=0$ 带入式（6-67）有

$$
\begin{cases}
P_0 = \dfrac{3}{2}(U^{\mathrm{P}} i_d^{\mathrm{P}} + U^{\mathrm{N}} i_d^{\mathrm{N}}) \\[2mm]
Q_0 = \dfrac{3}{2}(-U^{\mathrm{P}} i_q^{\mathrm{P}} - U^{\mathrm{N}} i_q^{\mathrm{N}}) \\[2mm]
P_{c2} = 0 \\[2mm]
Q_{c2} = \dfrac{3}{2}(-U^{\mathrm{P}} i_q^{\mathrm{N}} - U^{\mathrm{N}} i_q^{\mathrm{P}}) \\[2mm]
P_{s2} = 0 \\[2mm]
Q_{s2} = \dfrac{3}{2}(U^{\mathrm{N}} i_d^{\mathrm{P}} - U^{\mathrm{P}} i_d^{\mathrm{N}})
\end{cases}
\tag{6-68}
$$

解得正负序电流给定值为

$$
\begin{cases}
i_{d\mathrm{ref}}^{\mathrm{P}} = \dfrac{2U^{\mathrm{P}} P_0}{3[(U^{\mathrm{P}})^2 - (U^{\mathrm{N}})^2]} \\[4mm]
i_{q\mathrm{ref}}^{\mathrm{P}} = \dfrac{-2U^{\mathrm{P}} Q_0}{3[(U^{\mathrm{P}})^2 + (U^{\mathrm{N}})^2]} \\[4mm]
i_{d\mathrm{ref}}^{\mathrm{N}} = \dfrac{-2U^{\mathrm{N}} P_0}{3[(U^{\mathrm{P}})^2 - (U^{\mathrm{N}})^2]} \\[4mm]
i_{q\mathrm{ref}}^{\mathrm{N}} = \dfrac{-2U^{\mathrm{N}} Q_0}{3[(U^{\mathrm{P}})^2 + (U^{\mathrm{N}})^2]}
\end{cases}
\tag{6-69}
$$

此时，并网有功功率中二倍工频分量幅值和并网无功功率中二倍工频分量幅值可以表示为

$$
\begin{cases}
P_{c2} = 0 \\[2mm]
P_{s2} = 0 \\[2mm]
Q_{c2} = \dfrac{2U^{\mathrm{P}} U^{\mathrm{N}} Q_0}{(U^{\mathrm{P}})^2 + (U^{\mathrm{N}})^2} \\[4mm]
Q_{s2} = -\dfrac{2U^{\mathrm{P}} U^{\mathrm{N}} P_0}{(U^{\mathrm{P}})^2 - (U^{\mathrm{N}})^2}
\end{cases}
\tag{6-70}
$$

由式（6-69）和式（6-70）可知，当以并网有功功率恒定为控制目标时，并网有功功率二倍工频分量幅值为零，并网无功功率含有二倍工频分量，与此同时，并网电流含负序分量。

当以维持并网无功功率为控制目标时，将式 $Q_{c2}=0$ 和式 $Q_{s2}=0$ 带入式（6-

67) 有

$$
\begin{cases}
P_0 = \dfrac{3}{2}(U^{\mathrm{P}}i_d^{\mathrm{P}} + U^{\mathrm{N}}i_d^{\mathrm{N}}) \\[2mm]
Q_0 = \dfrac{3}{2}(-U^{\mathrm{P}}i_q^{\mathrm{P}} - U^{\mathrm{N}}i_q^{\mathrm{N}}) \\[2mm]
P_{c2} = \dfrac{3}{2}(U^{\mathrm{P}}i_d^{\mathrm{N}} + U^{\mathrm{N}}i_d^{\mathrm{P}}) \\[2mm]
Q_{c2} = 0 \\[2mm]
P_{s2} = \dfrac{3}{2}(-U^{\mathrm{N}}i_q^{\mathrm{P}} + U^{\mathrm{P}}i_q^{\mathrm{N}}) \\[2mm]
Q_{s2} = 0
\end{cases}
\tag{6-71}
$$

解得正负序电流给定值为

$$
\begin{cases}
i_{d\,\mathrm{ref}}^{\mathrm{P}} = \dfrac{2U^{\mathrm{P}}P_0}{3[(U^{\mathrm{P}})^2 + (U^{\mathrm{N}})^2]} \\[3mm]
i_{q\,\mathrm{ref}}^{\mathrm{P}} = \dfrac{-2U^{\mathrm{P}}P_0}{3[(U^{\mathrm{P}})^2 - (U^{\mathrm{N}})^2]} \\[3mm]
i_{d\,\mathrm{ref}}^{\mathrm{N}} = \dfrac{2U^{\mathrm{N}}P_0}{3[(U^{\mathrm{P}})^2 + (U^{\mathrm{N}})^2]} \\[3mm]
i_{q\,\mathrm{ref}}^{\mathrm{N}} = \dfrac{2U^{\mathrm{N}}Q_0}{3[(U^{\mathrm{P}})^2 - (U^{\mathrm{N}})^2]}
\end{cases}
\tag{6-72}
$$

此时，并网有功功率中二倍工频分量幅值和并网无功功率中二倍工频分量幅值可表示为

$$
\begin{cases}
P_{c2} = \dfrac{2U^{\mathrm{P}}U^{\mathrm{N}}P_0}{(U^{\mathrm{P}})^2 + (U^{\mathrm{N}})^2} \\[3mm]
P_{s2} = \dfrac{2U^{\mathrm{P}}U^{\mathrm{N}}Q_0}{(U^{\mathrm{P}})^2 - (U^{\mathrm{N}})^2} \\[3mm]
Q_{c2} = 0 \\[2mm]
Q_{s2} = 0
\end{cases}
\tag{6-73}
$$

由式（6-72）和式（6-73）可知，当以并网无功功率恒定为控制目标时，并网无功功率二倍工频分量幅值为零，并网有功功率含有二倍工频分量，与此同时，并网电流含负序分量。

可见，虽然控制目标中并网有功功率恒定和并网无功功率恒定各有优势，但都会导致并网三相电流不对称，不仅会增大线路和变压器损耗，还会加重电网电压的不对称度，不利于电网电压的恢复。因此本书以维持变流器输出三相电流对称为控制目标，将 $i_d^{\mathrm{N}}=0$，$i_q^{\mathrm{N}}=0$ 代入式（6-67）得

$$
\begin{cases}
P_0 = \dfrac{3}{2} U^{\mathrm{P}} i_d^{\mathrm{P}} \\[2mm]
Q_0 = -\dfrac{3}{2} U^{\mathrm{P}} i_q^{\mathrm{P}} \\[2mm]
P_{c2} = \dfrac{3}{2} U^{\mathrm{N}} i_d^{\mathrm{P}} \\[2mm]
Q_{c2} = -\dfrac{3}{2} U^{\mathrm{N}} i_q^{\mathrm{P}} \\[2mm]
P_{s2} = -\dfrac{3}{2} U^{\mathrm{N}} i_q^{\mathrm{P}} \\[2mm]
Q_{s2} = \dfrac{3}{2} U^{\mathrm{N}} i_d^{\mathrm{P}}
\end{cases}
\tag{6-74}
$$

解得正序电流给定值为

$$
\begin{cases}
i_{d\,\mathrm{ref}}^{\mathrm{P}} = \dfrac{2 P_0}{3 U^{\mathrm{P}}} \\[3mm]
i_{q\,\mathrm{ref}}^{\mathrm{P}} = -\dfrac{2 P_0}{3 U^{\mathrm{P}}}
\end{cases}
\tag{6-75}
$$

此时，并网有功功率中二倍工频分量幅值和并网无功功率中二倍工频分量幅值可表示为

$$
\begin{cases}
P_{c2} = \dfrac{U^{\mathrm{N}} P_0}{U^{\mathrm{P}}} \\[3mm]
P_{s2} = \dfrac{U^{\mathrm{N}} Q_0}{U^{\mathrm{P}}} \\[3mm]
Q_{c2} = \dfrac{U^{\mathrm{N}} Q_0}{U^{\mathrm{P}}} \\[3mm]
Q_{s2} = \dfrac{U^{\mathrm{N}} P_0}{U^{\mathrm{P}}}
\end{cases}
\tag{6-76}
$$

可见，当以维持变流器输出三相电流对称为控制目标时，虽可以消除并网电流的负序分量，但将不可避免地引入有功功率的二倍工频分量，从而导致阻抗源网络电容电压的二倍工频波动。

正序分量以角频率 ω 旋转，负序分量以 $-\omega$ 旋转，引入 PI 控制器设计，则正负序电流内环可表示为

$$
\begin{cases}
U_d^{\mathrm{P}} = -\left(K_{i\mathrm{P}} + \dfrac{K_{i\mathrm{I}}}{s} \right)\left(I_{d\,\mathrm{ref}}^{\mathrm{P}} - i_d^{\mathrm{P}} \right) + \omega L_0 i_q^{\mathrm{P}} + u_d^{\mathrm{P}} \\[3mm]
U_q^{\mathrm{P}} = -\left(K_{i\mathrm{P}} + \dfrac{K_{i\mathrm{I}}}{s} \right)\left(I_{q\,\mathrm{ref}}^{\mathrm{P}} - i_q^{\mathrm{P}} \right) - \omega L_0 i_d^{\mathrm{P}} + u_q^{\mathrm{P}}
\end{cases}
\tag{6-77}
$$

$$\begin{cases} U_d^{\mathrm{N}} = -\left(K_{i\mathrm{P}} + \dfrac{K_{i\mathrm{I}}}{s}\right)(I_{d\mathrm{ref}}^{\mathrm{N}} - i_d^{\mathrm{N}}) - \omega L_0 i_q^{\mathrm{N}} + u_d^{\mathrm{N}} \\ U_q^{\mathrm{N}} = -\left(K_{i\mathrm{P}} + \dfrac{K_{i\mathrm{I}}}{s}\right)(I_{q\mathrm{ref}}^{\mathrm{N}} - i_q^{\mathrm{N}}) + \omega L_0 i_d^{\mathrm{N}} + u_q^{\mathrm{N}} \end{cases} \tag{6-78}$$

式中　　$K_{i\mathrm{P}}$、$K_{i\mathrm{I}}$——电流控制器的比例系数和积分系数；

u_d^{P}、u_q^{P}、u_d^{N}、u_q^{N}——d 轴、q 轴下正序、负序电压分量；

i_d^{P}、i_q^{P}、i_d^{N}、i_q^{N}——d 轴、q 轴下正序、负序电流分量。

由不可控变流器输出直流电压和半准 Z 源网络电容电压的关系可知，在忽略损耗的情况下，有功功率给定值为

$$P_0^* = \left(K_{u\mathrm{P}} + \frac{K_{u\mathrm{I}}}{s}\right)(u_{\mathrm{C}1}^* - u_{\mathrm{C}1})(1 - d_0)u_{\mathrm{C}1}^* \tag{6-79}$$

式中　　$K_{u\mathrm{P}}$、$K_{u\mathrm{I}}$——电压控制器的比例系数和积分系数。

空间矢量脉冲宽度调制中，直通占空比通过对半准 Z 源网络输入电感电流的控制来产生，其中，电感电流的给定值由直驱永磁风力发电系统转速差经过 PI 控制器获得，进而跟踪最优的参考电流从而跟踪风力机的最佳功率点。正序、负序电压定向双电流环控制策略如图 6-14 所示。

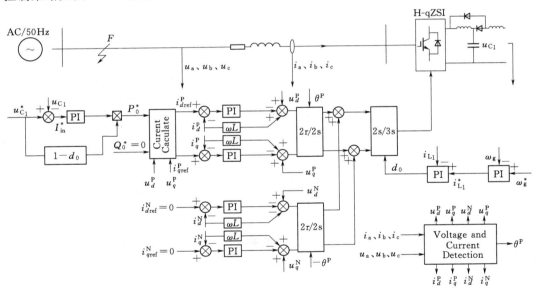

图 6-14　正序、负序电压定向双电流环控制策略

6.4.2　基于超级电容储能的不对称故障穿越策略

电网电压不对称故障时，往往会伴随正序电压幅值的跌落，由于并网变流器采取了限流保护，会引起直驱永磁同步风力发电机输出功率与并网功率不对称，多余的能量将流入半准 Z 源网络电容，如果这种不对称不能得到有效的控制，则会引起半准 Z 源网络电容上的过电压，危害系统的安全。此外，电网电压不对称故障时，如果风力发电系

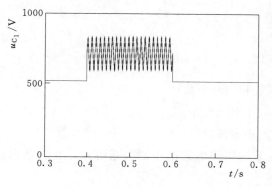

图 6 - 15　传统控制策略下 Z 源网路电容电压

统继续运行于传统控制策略，半准 Z 源网络电容电压将会以二倍工频大幅波动，其电容电压波形如图 6 - 15 所示，由于在直通和非直通状态下，半准 Z 源网络电容和半准 Z 源网络电感均存在能量交换，将导致半准 Z 源网络电感电流的二倍工频波动，而直驱永磁同步风力发电机的转速是由半准 Z 源网络电感电流控制的，于是，这个二倍工频纹波将引起直驱永磁同步风力发电机的转矩脉动，威胁系统安全。

　　这里在半准 Z 源网络电容两端增加储能回路，通过比例积分谐振控制器，使储能装置的功率吞吐量可以无静差地跟踪直驱永磁同步风力发电机输出功率和半准 Z 源变流器输出功率之差，使能量以二倍工频波动的形式传入储能装置，消除半准 Z 源网络电容上的二倍工频纹波。基于比例积分谐振控制器的储能控制策略如图 6 - 16 所示。

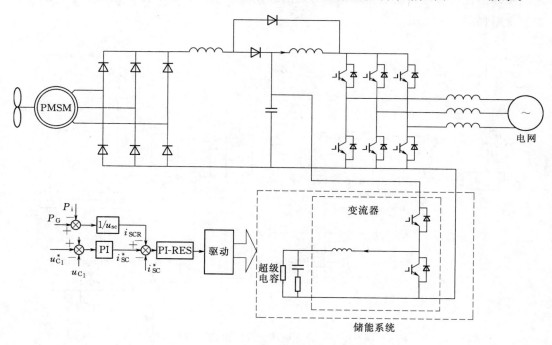

图 6 - 16　基于比例积分谐振控制器的储能控制策略

　　理想谐振控制器在谐振点处增益接近无穷大，可实现对正弦量的无静差控制。由于受模拟系统元器件参数准确度以及数字系统准确度的影响，理想谐振控制器很难实现，因此采用由比例环节、积分环节和谐振环节组成的比例积分谐振控制器，即

$$G(s) = K_P + \frac{K_I}{s} + \frac{2K_r s}{s^2 + 2\omega_c s + \omega^2} \tag{6-80}$$

式中 K_P——比例环节系数；

$\quad\quad K_I$——积分环节系数；

$\quad\quad K_r$——谐振项系数；

$\quad\quad \omega_c$——截止频率，通过设置 ω_c 可以扩大谐振控制器带宽，降低对于信号频率变化的敏感程度。

当检测到电网发生低电压故障时，采用储能型过压保护装置投入工作，此时直驱永磁同步风力发电机发出的功率为

$$P_G = T_e \omega_g \qquad\qquad (6-81)$$

式中 ω_g——直驱永磁同步风力发电机的转速；

$\quad\quad T_e$——直驱永磁同步风力发电机的电磁转矩。

Z 源变流器的输出功率为

$$P_i = P_0 + P_{c2}\cos(2\omega t) + P_{s2}\sin(2\omega t) \qquad\qquad (6-82)$$

式（6-82）中，P_0、P_{c2}、P_{s2} 的值式（6-74）求得。

前馈电流 i_{SCR} 可表示为

$$i_{SCR} = \frac{P_G - P_i}{u_{SC}} \qquad\qquad (6-83)$$

式中 u_{SC}——超级电容的端电压。

直驱永磁同步风力发电机发出的功率保持不变时，半准 Z 源变流器的输出功率是一个含有二倍工频分量的值，从而流入超级电容的电流给定值为一个含有二倍工频分量的值，采用比例积分谐振控制器使流入超级电容的电流实际值无静差地跟踪其给定值，使能量以二倍工频波动地形式给超级电容充电，从而在防止半准 Z 源网络电容电压泵升的基础上，消除其二倍工频分量。

6.4.3 仿真与试验

为了验证电网不对称故障下直驱永磁风力发电系统中半准 Z 源网络电容电压两端所接储能系统控制策略的正确性和有效性，在 Matlab/Simulink 中建立了一套 2.2kW 基于半准 Z 源变流器的风力发电系统控制模型，其中超级电容容量为 16.5F，超级电容额定电压和初始电压分别为 480V 和 300V。

图 6-17 所示为电网发生单相接地故障时半准 Z 源直驱永磁风力发电系统的仿真波形，包括并网电压、并网电流、半准 Z 源网络输入电感电流、半准 Z 源网络电容电压、d 轴并网电流正序分量的给定值和测量值、q 轴并网电流正序分量的给定值和测量值、超级电容输入电流以及超级电容端电压的仿真波形。可见，0.4～0.8s 期间，电网发生单相接地故障，此时，电网电压有两相跌落严重，直驱永磁风力发电系统的阻抗源网络电容电压稳定在 560V；阻抗源网络输入电感电流稳定在 4A；d 轴和 q 轴并网电流正序分量的跟踪效果良好；故障时半准 Z 源直驱永磁风力发电系继续向电网输送能量，保持不脱网运行；超级电容输入电流从最大值逐渐降低，端电压从初始值上升到另一稳定值。

图 6-18 所示为电网发生两相相间短路故障时半准 Z 源直驱永磁风力发电系统的仿真

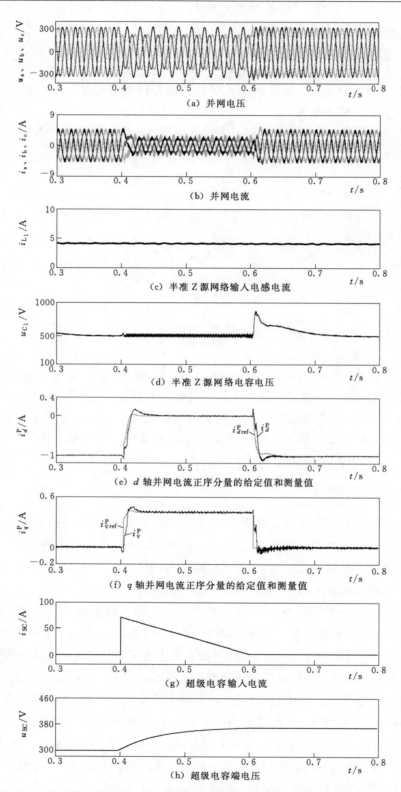

图 6-17　电网发生单相接地故障时半准 Z 源直驱永磁风力发电系统的仿真波形

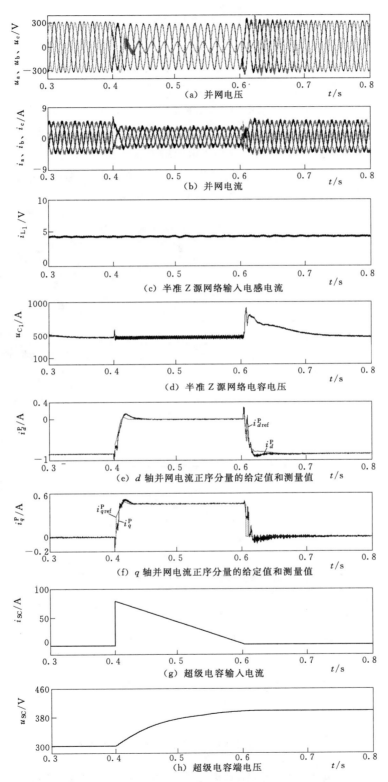

图 6-18　电网发生两相相间短路故障时半准 Z 源直驱永磁风力发电系统的仿真波形

波形，包括并网电压、并网电流、半准 Z 源网络输入电感电流、半准 Z 源网络电容电压、d 轴并网电流正序分量的给定值和测量值、q 轴并网电流正序分量的给定值和测量值、超级电容输入电流以及超级电容端电压的仿真波形。令电网两相相间短路故障发生在 $0.4\sim0.8s$，此时，电网电压有一相跌落严重，直驱永磁风力发电系统的阻抗源网络电容电压稳定在 560V；阻抗源网络输入电感电流稳定在 4A；d 轴和 q 轴并网电流正序分量的跟踪效果良好；两相相间短路故障时半准 Z 源直驱永磁风力发电系统能保持不脱网运行；超级电容输入电流从最大值逐渐降低且超级电容端电压从初始值上升到另一个稳定值。

图 6-19 所示为电网发生两相接地故障时半准 Z 源直驱永磁风力发电系统的仿真波形，包括并网电压、并网电流、半准 Z 源网络输入电感电流、半准 Z 源网络电容电压、d

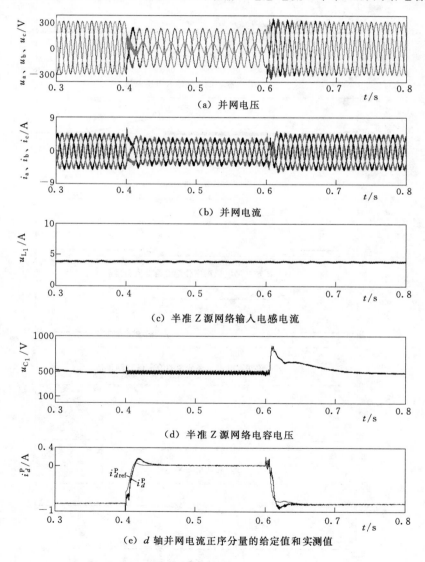

(a) 并网电压

(b) 并网电流

(c) 半准 Z 源网络输入电感电流

(d) 半准 Z 源网络电容电压

(e) d 轴并网电流正序分量的给定值和实测值

图 6-19（一）　电网发生两相接地故障时半准 Z 源直驱永磁风力发电系统的仿真波形

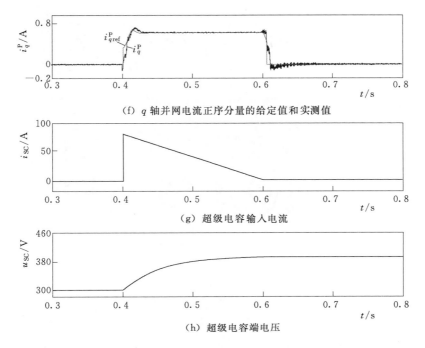

（f）q 轴并网电流正序分量的给定值和实测值

（g）超级电容输入电流

（h）超级电容端电压

图 6-19（二）　电网发生两相接地故障时半准 Z 源直驱永磁风力发电系统的仿真波形

轴并网电流正序分量的给定值和测量值、q 轴并网电流正序分量的给定值和测量值、超级电容输入电流以及超级电容端电压的仿真波形。可见，$0.4\sim0.8s$ 期间，电网发生两相接地故障，和两相相间短路故障类似，此时，电网电压有一相跌落严重，直驱永磁风力发电系统的半准 Z 源网络电容电压为 560V，未出现大幅泵升和明显波动；阻抗源网络输入电感电流为 4A，电流波形较为平稳；d 轴和 q 轴并网电流正序分量具有良好的跟踪效果；半准 Z 源直驱永磁风力发电系统可在两相接地故障时保持不脱网运行；两相接地故障下超级电容输入电流从最大值逐渐降低且超级电容端电压从初始值逐渐上升到另一稳定值。

仿真结果表明，电网发生单相接地故障、两相相间短路故障和两相接地故障时半准 Z 源直驱永磁风力发电系统的并网电流对称，正序电流跟踪效果良好，半准 Z 源网络电容电压稳定，不仅没有出现大幅升高，而且没有二倍工频波动。本章提出的电网不对称时的控制策略，可以有效实现基于半准 Z 源变流器的直驱永磁风力发电系统电网发生不对称故障时的可靠运行。

本节在仿真基础上建立小功率实验系统，对上述方法及传统控制方法进行对比实验验证。实验由异步电机拖动直驱永磁同步风力发电机发电，发电机输出功率通过三相不可控变流器和半准 Z 源变流器后并入由两个串联的调压器产生的不对称电网。超级电容选用 Maxwell 公司的超级电容器产品，具体型号为 BMOD0165 P048，单节工作电压为 48V，单节的额定容量为 165F，采用 10 节超级电容串联方式。

图 6-20 所示为传统控制方法下的实验波形，包括电网发生单相接地故障、两相相间短路故障和两相接地故障时，电网三相电压、半准 Z 源网络电容电压、直驱永磁风

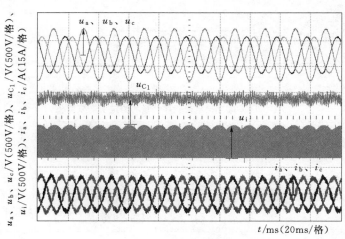

（a）单相接地故障

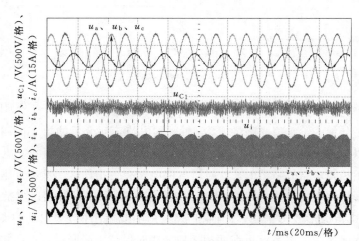

（b）两相相间短路故障

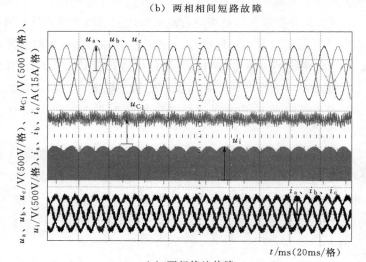

（c）两相接地故障

图 6-20　传统控制方法下的实验波形

力发电系统的直流链电压以及并网电流的稳态实验波形。由图 6-20 可知，在传统控制方法下，当电网电压发生三种不对称故障时，半准 Z 源网络电容电压虽然没有大幅升高，但含有明显的二倍工频波动。为减少系统成本，基于阻抗源变流器的风力发电能量转换系统直驱永磁同步风力发电机侧均采用三相二极管不控整流，半准 Z 源网络电容电压中的二倍工频分量无法得到有效抑制，导致了半准 Z 源网络输出电压的二倍工频振荡，这个振荡的二倍工频电压将引起有功功率中二倍工频的能量波动，从而导致并网电流发生畸变。

图 6-21 所示为前述基于谐振的 Z 源网络控制方法下的实验波形，包括电网发生单相接地故障、两相相间短路故障和两相接地故障时，电网三相电压、半准 Z 源网络电容电压、直驱永磁风力发电系统直流链电压、并网电流以及超级电容端电压、超级电容输出电流的稳态实验波形。由图 6-21 (a)、图 6-21 (c) 和图 6-21 (e) 可知，电网电压发生三种不对称故障时，直驱永磁风力发电系统的半准 Z 源网络电容电压稳定在560V，不仅没有发生泵升，还消除了其中的二倍工频分量，说明储能装置的功率吞吐量可以很好地跟踪直驱永磁同步风力发电机输出功率和半准 Z 源变流器输出功率之差。此外，直驱永磁风力发电系统直流链电压峰值稳定在 610V，并未出现二倍工频振荡，并网电流对称，正弦性好，说明正负序电流得到了有效的控制。图 6-21 (b)、图 6-21 (d)和图 6-21 (f) 所示为故障时超级电容的电压、电流波形，首先给超级电容预充电，使其达到初始电压 300V，此时超级电容输出电流为 0。接入模拟不对称电网后，由于半准 Z 源变流器限流产生的能量差流入储能装置，超级电容充电，电压上升，超级电容电流从最大值逐渐减小。当半准 Z 源变流器从不对称电网断开后，超级电容端电压稳定在一个定值，这个值应低于其最大电压 480V，并留有一定裕量，此时超级电容输出电流恢复到 0。

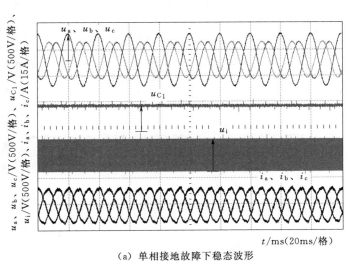

(a) 单相接地故障下稳态波形

图 6-21 (一)　基于谐振的 Z 源网络控制方法下的实验波形

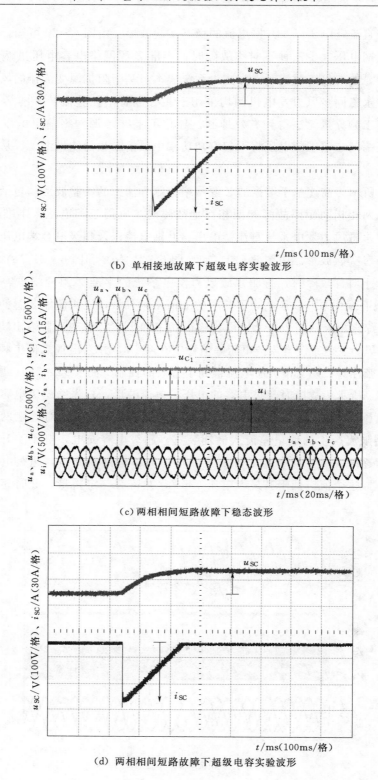

（b）单相接地故障下超级电容实验波形

（c）两相相间短路故障下稳态波形

（d）两相相间短路故障下超级电容实验波形

图 6-21（二）　基于谐振的 Z 源网络控制方法下的实验波形

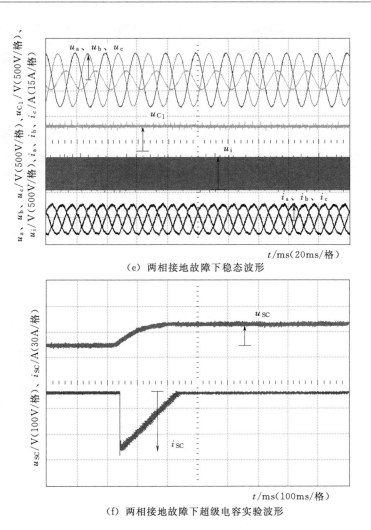

（e）两相接地故障下稳态波形

（f）两相接地故障下超级电容实验波形

图 6-21（三）　基于谐振的 Z 源网络控制方法下的实验波形

参 考 文 献

［1］　潘思思．基于 Z-源逆变器的 PMSG 风电系统控制方法的研究［D］．长沙：湖南大学，2016．

［2］　黄守道，潘思思，张阳．Z 源风力发电并网无差拍控制策略［J］．电力系统及其自动化学报，2017，29（6）：29-34．

［3］　黄守道，杨剑波，张阳．基于 Z 源逆变器的风电系统全风速功率控制［J］．电力电子技术，2017，51（10）：20-23．

［4］　张阳，黄守道，罗德荣．一种新型半准 Z 源逆变器在风力发电变流系统中的应用［J］．中国电机工程学报，2017，37（17）：5107-5117，5230．

［5］　高奇．Z 源变流器的主电路研究［D］．杭州：浙江大学，2005．

［6］　黄守道，张阳，荣飞．基于 Z 源逆变器的永磁直驱风电系统不对称故障穿越策略［J］．电工技术学报，2016，31（S1）：92-101．

［7］ 黄守道，张阳，罗德荣．Z 源逆变器在风电并网系统中的电容电压纹波抑制策略［J］.电工技术学报，2015，30(S2)：135 - 142.

［8］ 张阳，黄守道．基于 Z 源逆变器的直驱永磁风力发电并网控制［J］.电工电能新技术，2015，34(12)：14 - 18.

［9］ 张阳，黄科元，黄守道．一种双馈风力发电系统低电压穿越控制策略［J］.电工技术学报，2015，30(S2)：153 - 158.

［10］ 李杰，王得利，陈国呈，等．直驱式风力发电系统的三相 Z 源并网变流器建模与控制［J］.电工技术学报，2009，24(2)：114 - 120.

第7章 基于直驱永磁风力发电系统的风电场并网技术

7.1 风电场并网同步技术

随着电力电子技术在电力系统应用日益广泛、用户对电能需求的日益增大和风能、太阳能等新能源技术的进一步发展，变流器的锁相同步技术在现代电力系统中占有越来越重要的地位。同时，变流器用锁相同步技术必将随着电网环境的变化和变流器本身的发展而不断改进和提高，尤其是当电网电压发生畸变（三相不对称、谐波、电压和频率跌落等）时，如何采用新的锁相策略和算法来消除电网电压畸变对相位检测精度的影响显得愈加重要。

7.1.1 锁相环工作原理

锁相是同步相位的自动控制，或者说是利用相位自动调节的方法实现两个信号的相位同步。锁相环（phase locked loop，PLL）就是完成自动相位控制的负反馈环，它是一个相差自动调节系统，主要包含：鉴相器（phase detector，PD）、环路滤波器（loop filter，LF）和压控振荡器（voltage controlled oscillator，VCO）三个基本部件。基本锁相环如图 7-1 所示。实际使用的锁相环可能还包含放大器、混频器、分频器、滤波器等部件，但这些部件不影响锁相环的工作原理，可不予考虑。

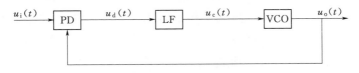

图 7-1 基本锁相环的组成

PD 是一个相位比较装置，它对输入信号 $u_i(t)$ 和输出反馈信号 $u_o(t)$ 的相位进行比较和运算处理，输出误差信号 $u_d(t)$。

LF 是一个线性低通网络，用来滤除 $u_i(t)$ 中的高频成分，调整环路参数，它对环路的性能指标有重要影响。它的输出信号 $u_c(t)$ 被用来控制 VCO 的频率和相位。

VCO 是一个电压-频率变换装置，它的频率 $\omega_v(t)$ 随控制电压 $u_c(t)$ 的变化而变化。

整个锁相环路构成一个负反馈系统，PD 检测输入信号与反馈信号之间的相位偏差，利用相位偏差产生控制信号去调整输出信号的相位，从而减小或消除相位偏差，最终使输入和输出信号达到相同的频率。这就是锁相环的工作原理。

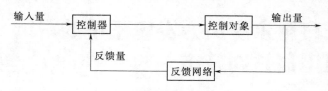

图 7-2 闭环控制系统的原理框图

已知闭环控制系统的原理框图如图 7-2 所示,闭环控制系统的工作原理可简单地概括为:检测偏差,产生控制信号,消除或减小偏差。

在锁相环中,PD 是控制器,VCO 是控制对象,LF 是校正网络,基本锁相环的反馈网络传递函数为 1。由于偏差是输入量与反馈量之差,所以锁相环的输入量是输入信号 $u_i(t)$ 的相位,输出量是输出信号 $u_o(t)$ 的相位。在锁相环中把相位偏差称为相差。

1. 锁相环的基本工作状态

锁相环的输入信号不同,环路参数不同,其工作状态也不同。锁定与跟踪是锁相环的两个基本工作状态。前者主要针对输入为固定频率信号的情况而言,此时环路通常用于频率合成或锁相调频;后者主要针对输入为调角信号的情况而言,此时环路通常用于锁相解调。

(1)锁定状态。即环路的瞬时频差为零,相位差为某一个常数的稳定状态。由瞬时频差等于固有频差减去控制频差这一关系可知,锁定状态下环路的控制频差等于固有频差,此时误差电压和压控振荡器控制电压都是直流信号。当输入信号加到锁相环的输入端时,环路的固有频差一般都不为零,此时环路处于失锁的初始状态,从环路开始工作到最终进入锁定状态,总要经历一个过程,这个过程称为捕获过程。捕获过程所经历的时间称为捕获时间。理论和实践证明,当锁相环的固有频差超过某一界限时,环路就无法通过捕获达到锁定状态,这个界限就是环路的捕获带,它等于环路能够进入锁定状态的最大固有频差。如果初始时环路的固有频差大于捕获带,则环路无法消除频差,只能达到使频差按某一规律变化的稳定状态。这种频差不为零的稳定状态称为失锁状态。在失锁状态下,误差电压和压控振荡器控制电压不是直流信号。一般来说,当输入信号为固定频率信号时,环路最终达到的稳定状态或为锁定状态或为失锁状态。

对于已经锁定的锁相环,如果由于噪声等外界因素的干扰而改变了它的固有频差,则环路将进入捕获过程。如果固有频差在某一范围之内,环路可以通过瞬态过程而重新达到锁定状态;如果固有频差超过了这一范围,环路将不能维持锁定。这个锁相环能够保持锁定状态所允许的最大固有频差称为环路的同步带。

(2)跟踪状态。当锁相环的输入信号为调角信号时,如果压控振荡器的输出信号是一个载频与输入信号载频相等的调角信号,或者是一个频率等于输入信号载频的固定频率信号,则环路处于跟踪状态。对于处于跟踪状态的环路,如果在整个工作过程中环路相位差始终比较小,环路可以近似为线性系统,则称环路处于线性跟踪状态,此时压控振荡器的输出为上面所述的第一种情况;反之,如果环路相位差比较大,则称环路处于非线性跟踪状态,此时压控振荡器的输出为第二种情况。无论哪种跟踪状态,环路反馈信号的载频必然与输入调角信号的载频相等。

2. 锁相环的鉴相算法

在锁相环的鉴相算法中，首先，通过 $\alpha\beta$ 坐标变换和 dq 坐标变换得到的 u_d 包含有输入相位与输出相位的相位误差信息，在建立环路的相位模型时，这部分相当于输入相位与输出相位进行比较得出误差相位；其次，鉴相算法的数学模型是非线性的，需对其线性化；然后，再选择低通滤波器；最后，建立整个系统的模型。

锁相环的相位模型如图 7－3 所示。

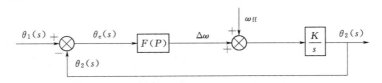

图 7－3 锁相环的相位模型

$\theta_1(s)$ —输入相位；$\theta_2(s)$ —反馈的输出的相位；$\theta_e(s)$ —相位误差；

$F(s)$ —环路滤波器的传递函数；K/s —压控振荡器；ω_{ff} —压控振荡器的中心振荡频率；

K —环路增益（在后面的分析中，由于考虑系数的归一化，所以 K 实际上是压控振荡器的增益系数）

由锁相环的相位模型可知，由于环路应用了正弦特性的 PD，所以模型和方程都是非线性的。在环路的同步状态，瞬态相差总是很小，PD 工作在如图 7－4 所示的鉴相特性的零点附近。

由图 7－4 可见，零点附近的特性曲线可以用一条斜率等于正弦特性零点处斜率的直线来近似。这样不会引

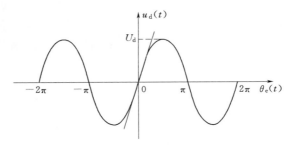

图 7－4 模型的线性化

起明显的误差，相位差在 $\pm30°$ 之内的误差不大于 5%，即

$$u_d(t) = U_d \sin\theta_e(t)$$

$$K_d = \frac{\mathrm{d}u_d(t)}{\mathrm{d}\theta_e(t)}\bigg|_{\theta_e=0} = U_d\cos\theta_e(t)\big|_{\theta_e=0} = U_d \tag{7-1}$$

可见，近似线性鉴相特性的斜率 K_d 在数值上等于正弦鉴相特性的输出最大电压 U_d。但两者所用的单位不同，K_d 的单位是 V/rad，U_d 的单位是 V。这样就可用 $K_d\theta_e(t)$ 取代 $U_d\sin\theta_e(t)$。如果只考虑数值，可用 $U_d\theta_e(t)$ 取代 $U_d\sin\theta_e(t)$。在建立模型时，可将系数归一化。

具有比例积分控制规律的 PI 控制器的表达式为

$$F(s) = K_P + K_I \frac{1}{s} \tag{7-2}$$

式中　K_P ——比例系数；

K_1——积分系数。

由于 PI 控制器具有以下特点，所以软件锁相环通常选用 PI 控制器：

（1）比例控制器的输出只取决于输入偏差值的现状，而积分控制器的输出则包含了输入偏差量的全部历史，虽然现在 $\Delta U_n = 0$，只要历史上有过，其积分有一定的数值，就能产生足够的控制电压，保证新的稳态运行，比例控制规律和积分控制规律的根本区别就在于此。

（2）在系统的稳态误差方面，积分控制优于比例控制；但是另一方面，在控制的快速性上，积分控制却又不如比例控制。如果既要稳态精度高，又要动态响应快，只要把两种控制规律结合起来就行了，也就是用比例积分控制。

（3）PI 控制器的积分环节加上压控振荡器的积分环节，由于系统中存在两个积分环节，因此对高频分量有很强的抑制作用，通过选择合适的参数就能在实时性和滤波性能方面达成统一，因此不需要额外的滤波环节。总之，由 PI 控制器的积分环节构成的滞后校正可以保证系统的稳态精度，却是以对快速性的限制来换取系统的稳定性，一般的同步锁相系统要求以稳和准为主，对快速性的要求不高。

在图 7-3 中，ω_{ff} 为压控振荡器的中心振荡频率，在环路模型中为一扰动角频率（一般取基波的角频率值，以便在输入掉电的情况下仍能输出基波频率的正弦信号），由于锁相环用于锁定电网电压的基波正序电网电压矢量角，在生成相位误差时，电网电压中的基波角频率与这一扰动角频率 ω_{ff} 相抵消，所以在建立数学模型时通常不考虑它的影响。

令式（7-2）中

$$
\begin{cases}
K_P = \dfrac{\tau_2}{\tau_1} \\[2mm]
K_I = \dfrac{1}{\tau_1}
\end{cases}
\tag{7-3}
$$

则 PI 调节器可表示为

$$
F(s) = \frac{1 + s\tau_2}{s\tau_1}
\tag{7-4}
$$

开环传递函数为

$$
H_o(s) = \frac{K(1 + s\tau_2)}{s^2 \tau_1}
\tag{7-5}
$$

闭环传递函数为

$$
H(s) = \frac{s\dfrac{K\tau_2}{\tau_1} + \dfrac{K}{\tau_1}}{s^2 + s\dfrac{K\tau_2}{\tau_1} + \dfrac{K}{\tau_1}}
\tag{7-6}
$$

设

$$
\xi = \frac{\tau_2}{2}\sqrt{\frac{K}{\tau_1}}
\tag{7-7}
$$

$$
\omega_n = \sqrt{\frac{K}{\tau_1}}
\tag{7-8}
$$

则闭环传递函数可表示为

$$H(s) = \frac{2\xi\omega_n s + \omega_n^2}{s^2 + 2\xi\omega_n s + \omega_n^2} \quad (7-9)$$

根据传递函数用拉氏变换求输出量的时间函数，可以得到相位锁定过程，如图7-5所示。此二阶系统中ω_n、ζ物理意义与其他二阶系统中一样，是无阻尼振荡频率与阻尼系数。相位θ_2以振荡频率$\omega_d = (1 - \zeta^2)^{1/2}\omega_n$做阻尼振荡（$0<\zeta<1$，$\zeta$为阻尼系数）。

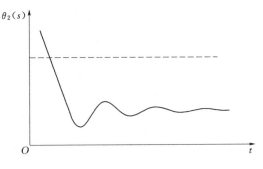

图7-5 二阶环的瞬态响应

7.1.2 锁相环同步技术

1. 传统的单同步坐标系软件锁相方法

传统的单同步坐标系软件锁相环方法是基于跟踪电网电压矢量而得出的，它能有效地检测出电网平衡时电压的频率、相位及幅值。此种锁相方法的电压矢量的相量图如图7-6所示，图中u_s表示实际电压矢量，$\hat{\theta}$表示锁相环输出的电压矢量角度，当锁相成功时，电压矢量的d轴分量应该与实际电压矢量u_s完全重合，即$\hat{\theta}=\theta$。而当电网电压相位突变时，两个空间矢量位置将有差异，因此锁相环的目的就是采取措施使得$\hat{\theta}=\theta$。

传统的单同步坐标系软件锁相环基本原理如图7-7所示。图中3s/2s表示三相静止坐标系到两相静止坐标系的变换，2s/2r表示两相静止坐标系到两相同步旋转坐标系的变换，ω_o为锁相得出的角频率，ω^*为电网电压的额定角频率，mod表示取余从而将锁相输出角度限定在2π周期内。

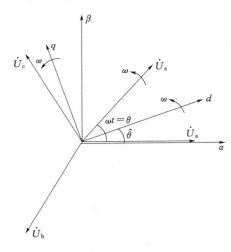

图7-6 电网平衡时的电压矢量的相量图

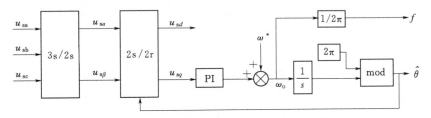

图7-7 传统的单同步坐标系软件锁相环基本原理框图

为了便于分析，假设电网三相电压u_a、u_b、u_c对称，表示为

$$\begin{cases} u_a = U_s\cos(\omega t + \varphi) \\ u_b = U_s\cos\left(\omega t - \dfrac{2\pi}{3} + \varphi\right) \\ u_c = U_s\cos\left(\omega t + \dfrac{2\pi}{3} + \varphi\right) \end{cases} \tag{7-10}$$

式中　U_s——电压幅值；

　　　ω——电网角频率；

　　　φ——初始相位角。

将三相电网电压由三相静止坐标系变换到两相静止坐标系和同步旋转坐标系，可以分别得到

$$\begin{bmatrix} u_\alpha \\ u_\beta \end{bmatrix} = \frac{2}{3} \begin{bmatrix} 1 & -\dfrac{1}{2} & -\dfrac{1}{2} \\ 0 & \dfrac{\sqrt{3}}{2} & -\dfrac{\sqrt{3}}{2} \end{bmatrix} \begin{bmatrix} u_a \\ u_b \\ u_c \end{bmatrix} = U_s \begin{bmatrix} \cos\theta \\ \sin\theta \end{bmatrix} \tag{7-11}$$

$$\begin{bmatrix} u_d \\ u_q \end{bmatrix} = \begin{bmatrix} \cos\hat\theta & \sin\hat\theta \\ -\sin\hat\theta & \cos\hat\theta \end{bmatrix} \begin{bmatrix} u_\alpha \\ u_\beta \end{bmatrix} \tag{7-12}$$

式中　θ——实际电压矢量的角度；

　　　$\hat\theta$——锁相环估计的电压矢量角度。

将式（7-11）代入式（7-12）可得

$$\begin{bmatrix} u_d \\ u_q \end{bmatrix} = U_s \begin{bmatrix} \cos(\theta - \hat\theta) \\ \sin(\theta - \hat\theta) \end{bmatrix} = U_s \begin{bmatrix} \cos[(\omega_1 - \omega_o)t + \varphi_{err}] \\ \sin[(\omega_1 - \omega_o)t + \varphi_{err}] \end{bmatrix} \tag{7-13}$$

式中　ω_o——锁相环估计得出的角频率；

　　　φ_{err}——实际电压矢量角度与锁相环估计的电压矢量角度的初始相位差。

由式（7-13）可知，当频率没有锁定时，u_q 为一个交流分量，而在频率锁定、相位没有锁定时，它是一个直流分量，其大小代表了锁相输入输出之间的相位差信息。在频率、相位完全锁定的情况下，即当 $\hat\theta = \theta$ 时，$u_q = 0$，$u_d = U_m$ 为电网电压的幅值。此时 u_q 为恒定的直流分量而且并不随电网电压幅值的变化而变化，因此通过 PI 调节器把 u_q 调节为零就可以实现锁相的目的。因此，在理想电网电压的情况下，一个高带宽的单同步坐标系软件锁相环可以快速而且精确地计算出电网电压的相位、频率和幅值。即使电网电压中含有高次谐波，也可以通过适当降低系统带宽来抑制高次谐波的干扰，而且因为系统本身存在两个积分环节，对高频分量有很强的抑制作用，通过选择合适的参数就能在实时性和滤波效果方面达成统一，所以一般不需要增加额外的滤波器。单同步坐标系软件锁相环的锁相性能可以从图 7-8～图 7-11 所示的仿真波形中表现出来。

通过图 7-8～图 7-11 的仿真结果可以看出，这种锁相方法不但能够在稳态情况下准确检测出电压的相位、频率和幅值，而且在电压跌落、频率大范围变化以及相位突变

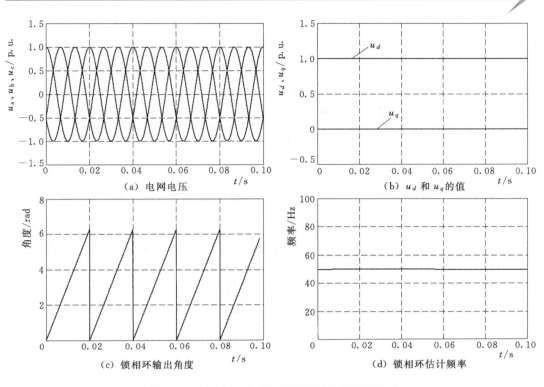

图 7-8　单同步坐标系软件锁相环稳态仿真波形

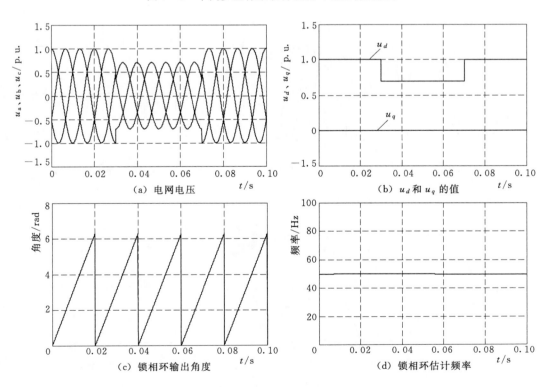

图 7-9　单同步坐标系软件锁相环电网跌落仿真波形

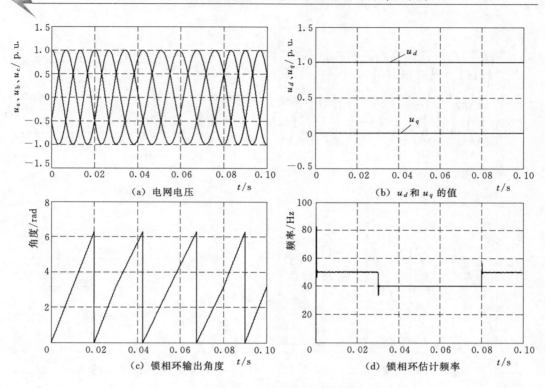

图 7-10　单同步坐标系软件锁相环频率突变仿真波形

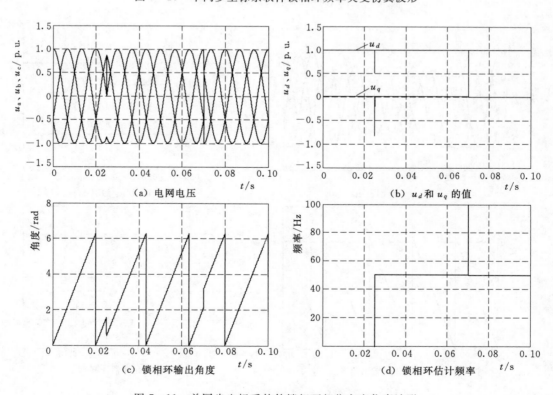

图 7-11　单同步坐标系软件锁相环相位突变仿真波形

的情况下都能准确锁相以及检测电网电压的频率和幅值。该方法动态调整时间都小于1ms，表现出非常好的稳态和动态性能。但是当电网电压存在严重的不对称时，单同步坐标系软件锁相环就难以取得令人满意的效果，下面将对不对称情况进行简要地分析。

在不对称情况下，三相电网电压通常包括正序、负序和零序电压，可以表示为

$$u_a = U_s^{+1}\cos(\omega t) + U_s^{-1}\cos(-\omega t + \varphi^{-1}) + U_s^0\cos(\omega t + \varphi^0)$$

$$u_b = U_s^{+1}\cos(\omega t - 2\pi/3) + U_s^{-1}\cos(-\omega t - 2\pi/3 + \varphi^{-1}) + U_s^0\cos(\omega t + \varphi^0)$$

$$u_c = U_s^{+1}\cos(\omega t + 2\pi/3) + U_s^{-1}\cos(-\omega t + 2\pi/3 + \varphi^{-1}) + U_s^0\cos(\omega t + \varphi^0)$$

$$(7-14)$$

式中，上角 +1、−1、0 分别表示正序、负序和零序分量。

当三相电网电压不对称时，忽略零序分量并通过 $T_{3s/2s}$ 变换可得电压矢量在两相静止坐标系下的表达式为

$$\begin{bmatrix} u_\alpha \\ u_\beta \end{bmatrix} = U_s^{+1}\begin{bmatrix} \cos(\omega t) \\ \sin(\omega t) \end{bmatrix} + U_s^{-1}\begin{bmatrix} \cos(-\omega t + \varphi^{-1}) \\ \sin(-\omega t + \varphi^{-1}) \end{bmatrix} \qquad (7-15)$$

式（7-15）表明空间电压矢量被分解成了以 ω 旋转的正序电压矢量和以 $-\omega$ 旋转的负序电压矢量两个旋转矢量。此时电网电压矢量的幅值和相位可以表示为

$$|u_s| = \sqrt{(U_s^{+1})^2 + (U_s^{-1})^2 + 2U_s^{+1}U_s^{-1}\cos(-2\omega t + \varphi^{-1})} \qquad (7-16)$$

$$\theta = \omega t + \tan^{-1}\left(\frac{U_s^{-1}\sin(-2\omega t + \varphi^{-1})}{U_s^{+1} + U_s^{-1}\cos(-2\omega t + \varphi^{-1})}\right) \qquad (7-17)$$

由式（7-16）和式（7-17）可以明显看出，在电网电压不对称情况下，电网电压矢量 u_s 不再具有恒定的幅值和旋转频率。

图 7-12 所示为单同步坐标系软件锁相环电网电压不对称的仿真波形，图中采用的控制系统是高带宽的，电网电压中加入了 30% 的负序分量。

从仿真波形可以看出，高带宽的系统无论是在三相对称还是不对称情况下都能使 u_q 调节为零。不同之处在于在平衡情况下，锁相环可以精确而且快速地检测出电网电压的频率、相位和幅值。而在三相不对称情况下，如式（7-16）和式（7-17）所示，电网电压正序分量的幅值和相位都含有很大的谐波，不能被精确地检测出。

2. 基于对称分量法的单同步坐标系软件锁相方法

文献［10］在传统的单同步坐标系软件锁相环的基础上提出了基于对称分量法的软件锁相方法。其基本原理是首先通过计算将不对称电压中的正序分量分解出来，然后将正序分量作为传统单同步坐标系软件锁相环的输入，从而抑制了电压中的负序分量所导致的 2 次谐波分量的影响。正序分量分解为

$$\begin{bmatrix} u_a^{+1} \\ u_b^{+1} \\ u_c^{+1} \end{bmatrix} = \frac{1}{3}\begin{bmatrix} 1 & a & a^2 \\ a^2 & 1 & a \\ a & a^2 & 1 \end{bmatrix}\begin{bmatrix} u_a \\ u_b \\ u_c \end{bmatrix} = \begin{bmatrix} \dfrac{1}{2}u_a + \dfrac{j}{2\sqrt{3}}(u_c - u_b) \\ -u_a - u_c \\ \dfrac{1}{2}u_c + \dfrac{j}{2\sqrt{3}}(u_b - u_a) \end{bmatrix} \qquad (7-18)$$

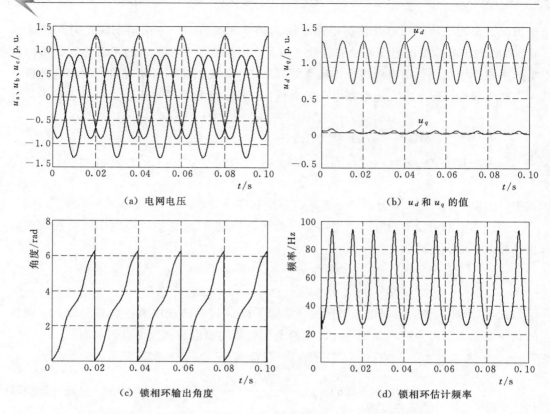

（a）电网电压　　　　　　　　　　　　（b）u_d 和 u_q 的值

（c）锁相环输出角度　　　　　　　　　　（d）锁相环估计频率

图 7-12　单同步坐标系软件锁相环电网电压不对称的仿真波形

其中

$$a = -\frac{1}{2} + j\frac{\sqrt{3}}{2} \text{ 或 } a = e^{j\frac{2\pi}{3}}$$

式（7-18）可以通过带 90° 滞后的全通滤波器和比例增益来实现，其实现方式的原理图如图 7-13 所示。

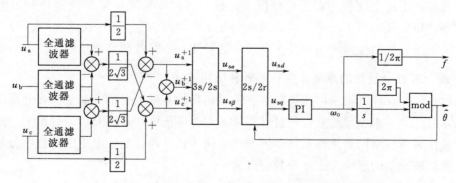

图 7-13　基于对称分量法的单同步坐标系软件锁相环控制原理图

为了验证基于对称分量法的单同步坐标系软件锁相环的性能，对其在电网电压三相不对称和频率突变两种典型工况下进行了仿真，结果分别如图 7-14 和图 7-15 所示。

由仿真图 7-14 和图 7-15 可以看出，基于对称分量法的改进型软件锁相方法可以

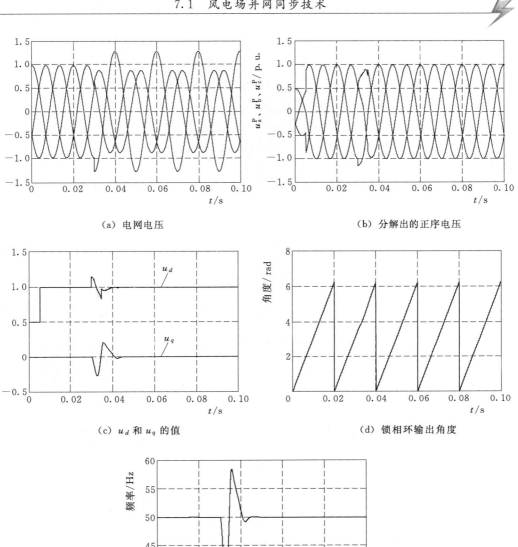

（a）电网电压   （b）分解出的正序电压

（c）u_d 和 u_q 的值   （d）锁相环输出角度

（e）锁相环估计频率

图 7-14　基于对称分量法的单同步坐标系软件锁相环电网电压不对称仿真波形

抑制不对称电压中负序分量的影响，虽然相对于传统的单同步坐标系软件锁相环有了很大的改进，但是这种方法仍然存在以下问题：

（1）从仿真图可以看出，虽然该方法可以分解出不对称电网电压中的正序分量，但是当电网电压发生变化时，实时地对输入电压进行 90° 的偏移是不容易做到的，这时候锁相环所检测到的相位、频率以及幅值都会产生 90° 的延时，表明这种方法的频率适应性比较差。

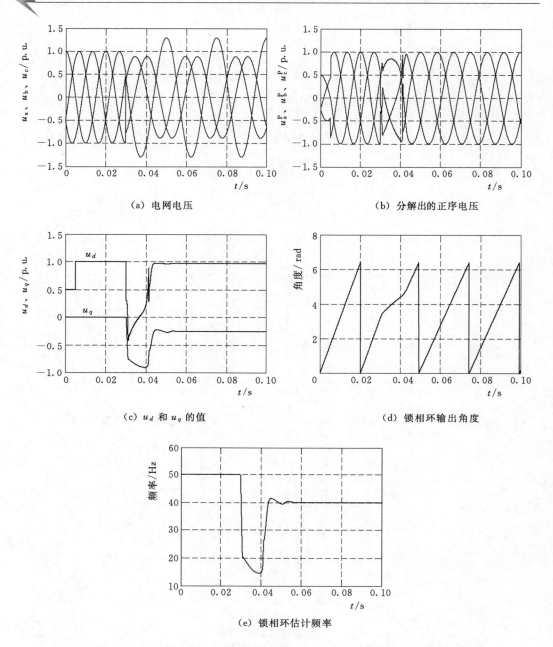

（a）电网电压　　　　　　　　　　　　（b）分解出的正序电压

（c）u_d 和 u_q 的值　　　　　　　　　　（d）锁相环输出角度

（e）锁相环估计频率

图 7-15　基于对称分量法的单同步坐标系软件锁相环频率突变仿真波形

（2）因为这种方法对三相输入电压每相都要进行 90°的偏移，所以对于 50Hz 的输入电压，当电网电压的相位或者幅值等发生突变时，整个锁相环至少需要 5ms 的响应时间，这对某些要求比较高的场合，如网侧变流器的应用中显然不能满足需求。

3. 基于对称分量法的单同步坐标系软件锁相方法

为了解决三相电网电压不对称时的锁相问题，文献［11］提出了基于双同步坐标系下的解耦软件锁相环方法，为便于介绍，首先对不对称电压在双同步坐标系下的情况进行分析。双同步坐标系包括两个旋转坐标系：一个是 dq^{+1} 坐标系，以角速度 ω 逆时针旋转，其角度设为 $\hat{\theta}$；另一个是 dq^{-1} 坐标系，以 $-\omega$ 角速度顺时针旋转，其角度设为 $-\hat{\theta}$。因此电压矢量在双同步坐标系下可以表示为

$$
\begin{bmatrix} u_d^{+1} \\ u_q^{+1} \end{bmatrix} = \begin{bmatrix} \cos\hat{\theta} & \sin\hat{\theta} \\ -\sin\hat{\theta} & \cos\hat{\theta} \end{bmatrix} \begin{bmatrix} u_\alpha \\ u_\beta \end{bmatrix} = \dot{U}_s^{+1} \begin{bmatrix} \cos(\omega t - \hat{\theta}) \\ \sin(\omega t - \hat{\theta}) \end{bmatrix} + \dot{U}_s^{-1} \begin{bmatrix} \cos(-\omega t + \varphi^{-1} - \hat{\theta}) \\ \sin(-\omega t + \varphi^{-1} - \hat{\theta}) \end{bmatrix}
$$

$$(7-19)$$

$$
\begin{bmatrix} u_d^{-1} \\ u_q^{-1} \end{bmatrix} = \begin{bmatrix} \cos\hat{\theta} & \sin\hat{\theta} \\ \sin\hat{\theta} & \cos\hat{\theta} \end{bmatrix} \begin{bmatrix} u_\alpha \\ u_\beta \end{bmatrix} = \dot{U}_s^{+1} \begin{bmatrix} \cos(\omega t + \hat{\theta}) \\ \sin(\omega t + \hat{\theta}) \end{bmatrix} + \dot{U}_s^{-1} \begin{bmatrix} \cos(-\omega t + \varphi^{-1} + \hat{\theta}) \\ \sin(-\omega t + \varphi^{-1} + \hat{\theta}) \end{bmatrix}
$$

$$(7-20)$$

双同步坐标系以及坐标系中的电压矢量如图 7-16 所示。

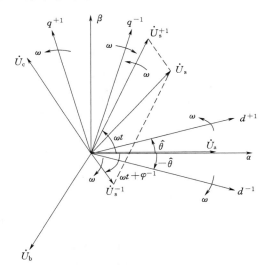

图 7-16 双同步坐标系及坐标系中的电压矢量图

利用锁相机构，然后通过适当地调节 PI 调节器的参数可以达到 $\hat{\theta} \approx \omega t$ 的目的，在这种假设条件下，式（7-19）和式（7-20）可以线性化后表示为

$$
\dot{u}_{sdq}^{+1} = \begin{bmatrix} u_d^{+1} \\ u_q^{+1} \end{bmatrix} \approx \dot{U}_s^{+1} \begin{bmatrix} 1 - \left[(\omega t - \hat{\theta})^2 / 2 \right] \\ \omega t - \hat{\theta} \end{bmatrix} + \dot{U}_s^{-1} \begin{bmatrix} \cos(-2\omega t + \varphi^{-1}) \\ \sin(-2\omega t + \varphi^{-1}) \end{bmatrix} \quad (7-21)
$$

$$
\dot{u}_{sdq}^{-1} = \begin{bmatrix} u_d^{-1} \\ u_q^{-1} \end{bmatrix} \approx \dot{U}_s^{+1} \begin{bmatrix} \cos(2\omega t) \\ \sin(2\omega t) \end{bmatrix} + \dot{U}_s^{-1} \begin{bmatrix} \cos(\varphi^{-1}) \\ \sin(\varphi^{-1}) \end{bmatrix} \quad (7-22)
$$

在式（7-21）和式（7-22）中，在 dq^{+1} 坐标系和 dq^{-1} 坐标系中的直流分量与电网电压中正序分量和负序分量的幅值密切相关，而其中的二次谐波分量是由于正序分量和负序分量在旋转方向相反的坐标系中分解造成的。这些谐波可以简单地看做是锁相环

在检测正序分量、负序分量幅值过程中所受到的扰动。从前面的分析可知，简单地通过低通滤波的方式虽然可以抑制这种扰动，但在动态性能上会对系统产生不利的影响。鉴于以上考虑，文献［11］提出了基于双同步坐标系下解耦网络的软件锁相方法。

为了方便解耦网络的引入，首先假设任意一个电压矢量 $\dot{u}_s$ 包括正序分量和负序分量两部分，它们分别以 $n\omega$ 和 $m\omega$ 的角速度旋转，其中 n，m 用来表示正序或者负序，而 ω 则表示电网基波频率。因此电压矢量可以表示为

$$\dot{u}_{s\alpha\beta} = \dot{u}_{s\alpha\beta}^n + \dot{u}_{s\alpha\beta}^m = \dot{U}_s^n \begin{bmatrix} \cos(n\omega t + \varphi^n) \\ \sin(n\omega t + \varphi^n) \end{bmatrix} + \dot{U}_s^m \begin{bmatrix} \cos(m\omega t + \varphi^m) \\ \sin(m\omega t + \varphi^m) \end{bmatrix} \tag{7-23}$$

式中　φ^m、φ^n——m 矢量和 n 矢量的初始相位角。

假设两个坐标系分别用 dq^n 和 dq^m 来表示，$n\hat{\theta}$ 和 $m\hat{\theta}$ 分别表示两个坐标系的相位角度，其中 $\hat{\theta}$ 表示锁相环的输出角度。当锁相成功时有 $\hat{\theta} = \omega t$，则式（7-23）中的电压矢量可以表示为

$$\begin{aligned} \dot{u}_{sdq^n} = \begin{bmatrix} u_{sd^n} \\ u_{sq^n} \end{bmatrix} &= \dot{U}_s^n \begin{bmatrix} \cos\varphi^n \\ \sin\varphi^n \end{bmatrix} + \dot{U}_s^m \cos\varphi^m \begin{bmatrix} \cos[(n-m)\omega t] \\ -\sin[(n-m)\omega t] \end{bmatrix} \\ &\quad + \dot{U}_s^m \sin\varphi^m \begin{bmatrix} \sin[(n-m)\omega t] \\ \cos[(n-m)\omega t] \end{bmatrix} \end{aligned} \tag{7-24}$$

$$\begin{aligned} \dot{u}_{sdq^m} = \begin{bmatrix} u_{sd^m} \\ u_{sq^m} \end{bmatrix} &= \dot{U}_s^m \begin{bmatrix} \cos\varphi^m \\ \sin\varphi^m \end{bmatrix} + \dot{U}_s^m \cos\varphi^m \begin{bmatrix} \cos[(n-m)\omega t] \\ \sin[(n-m)\omega t] \end{bmatrix} \\ &\quad + \dot{U}_s^n \sin\varphi^n \begin{bmatrix} -\sin[(n-m)\omega t] \\ \cos[(n-m)\omega t] \end{bmatrix} \end{aligned} \tag{7-25}$$

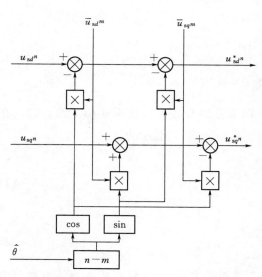

图 7-17　dq^n 坐标系的解耦单元

从式（7-24）和式（7-25）可以看出由 dq^n 坐标系中的振荡量的幅值是由 dq^m 坐标系中的平均值所决定的，而 dq^m 坐标系中的振荡量的幅值是由 dq^n 坐标系中的平均值所决定的。为了抑制 dq^n 坐标系中的振荡，采用了如图 7-17 所示的解耦单元。同理，为了抑制 dq^m 坐标系中的振荡也采用同样的结构，只是将 n 和 m 调换。

由图 7-17 可知，为了各个解耦单元的正确运行，需要采用一种合理的结构进行计算，为此采用了图 7-18 所示的解耦网络。

图 7-18 中采用了一个简单的一阶低通滤波器，即

$$\mathrm{LPF}(s) = \frac{\omega_f}{s + \omega_f} \qquad (7-26)$$

对于如图 7-18 所示的解耦网络，定义为

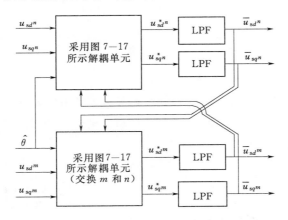

图 7-18 dq^n 和 dq^m 坐标系的解耦网络

$$\begin{cases} u_1 = \cos[(n-m)\omega t] \\ u_2 = \sin[(n-m)\omega t] \end{cases} \qquad (7-27)$$

则解耦网络可以表示为

$$\begin{cases} \overline{U}_{sd^n}(s) = \dfrac{\omega_f}{s+\omega_f}[U_{sd^n}(s) - U_1(s)*\overline{U}_{sd^m}(s) - U_2(s)*\overline{U}_{sq^m}(s)] \\[2mm] \overline{U}_{sq^n}(s) = \dfrac{\omega_f}{s+\omega_f}[U_{sq^n}(s) - U_1(s)*\overline{U}_{sq^m}(s) + U_2(s)*\overline{U}_{sd^m}(s)] \\[2mm] \overline{U}_{sd^m}(s) = \dfrac{\omega_f}{s+\omega_f}[U_{sd^m}(s) - U_1(s)*\overline{U}_{sd^n}(s) + U_2(s)*\overline{U}_{sq^n}(s)] \\[2mm] \overline{U}_{sq^m}(s) = \dfrac{\omega_f}{s+\omega_f}[U_{sq^m}(s) - U_1(s)*\overline{U}_{sq^n}(s) - U_2(s)*\overline{U}_{sq^n}(s)] \end{cases} \qquad (7-28)$$

式中 $*$——s 域内的卷积运算。

然后将式（7-28）变换到时域内为

$$\begin{cases} \overline{u}'_{sd^n} = \omega_f(u_{sd^n} - \overline{u}_{sd^n} - u_1\overline{u}_{sd^m} - u_2\overline{u}_{sq^m}) \\[1mm] \overline{u}'_{sq^n} = \omega_f(u_{sq^n} - \overline{u}_{sq^n} - u_1\overline{u}_{sq^m} + u_2\overline{u}_{sd^m}) \\[1mm] \overline{u}'_{sd^m} = \omega_f(u_{sd^m} - \overline{u}_{sd^m} - u_1\overline{u}_{sd^n} + u_2\overline{u}_{sq^n}) \\[1mm] \overline{u}'_{sq^m} = \omega_f(u_{sq^m} - \overline{u}_{sq^m} - u_1\overline{u}_{sq^n} - u_2\overline{u}_{sd^n}) \end{cases} \qquad (7-29)$$

综合式（7-24）、式（7-25）、式（7-28）和式（7-29）可得状态空间方程为

$$\begin{cases} \dot{\boldsymbol{x}}(t) = \boldsymbol{A}(t)x(t) + \boldsymbol{B}(t)v(t) \\ \boldsymbol{y}(t) = \boldsymbol{C}x(t) \end{cases} \qquad (7-30)$$

其中 $\boldsymbol{x}(t) = \boldsymbol{y}(t) = [\overline{u}_{sd^n} \quad \overline{u}_{sq^n} \quad \overline{u}_{sd^m} \quad \overline{u}_{sq^m}]^{\mathrm{T}}$

$$u(t) = [U_s^n \cos\varphi^n \, U_s^n \sin\varphi^n \, U_s^m \cos\varphi^n \, U_s^m \sin\varphi^n]^T$$

$$A(t) = -B(t)$$

$$C = I$$

$$B(t) = \omega_f \begin{bmatrix} 1 & 0 & \cos[(n-m)\omega t] & \sin[(n-m)\omega t] \\ 0 & 1 & -\sin[(n-m)\omega t] & \cos[(n-m)\omega t] \\ \cos[(n-m)\omega t] & -\sin[(n-m)\omega t] & 1 & 0 \\ \sin[(n-m)\omega t] & \cos[(n-m)\omega t] & 0 & 1 \end{bmatrix}$$

由状态空间模型可以看出，这是一个多输入、多输出变量的系统。为了简化分析，这里假设 $n=1$，$m=-1$，则电压矢量分解到 dq^{+1} 坐标系和 dq^{-1} 坐标系上。简化后整个软件锁相环控制系统原理如图 7-19 所示。

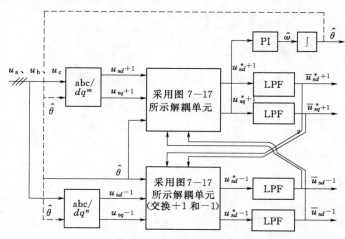

图 7-19　双同步坐标系下的解耦软件锁相环控制框图

在上述系统中，采用的一阶低通滤波器中的截止频率是有要求的。为便于分析，这里假设 $\varphi^{+1} = \varphi^{-1} = 0$，在这种假设条件下，求出正序分量幅值计算的阶跃响应为其中 k 为

$$\overline{u}_{sd}^{+1} = U_s^{+1}\left[1 - \cos(\omega t)\cos(\omega t\sqrt{1-k^2})\right.$$

$$\left. - \frac{1}{\sqrt{1-k^2}}[\sin(\omega t) - k\cos(\omega t)]\sin(\omega t\sqrt{1-k^2})e^{-k\omega t}\right] \tag{7-31}$$

其中 $$k = \frac{\omega_f}{\omega}$$

式中　ω_f——一阶低通滤波器的截止频率；

　　　ω——系统基波频率。

从式（7-31）中可以看出，其中的振荡分量以指数形式衰减，经过一段与 k 参数相关的稳定时间后，就得到了电压矢量的正序分量幅值。

基于双同步坐标系的解耦软件锁相方法中含有非线性环节，所以对其进行准确的建模比较困难。假设正负序分量可以实现完全解耦，系统的开环传递函数和闭环传递函数

分别为

$$G_{\text{open}}(s) = \frac{U_s^{+1}}{s}\left(K_P + \frac{K_I}{s}\right) \tag{7-32}$$

$$G_{\text{close}}(s) = \frac{U_s^{+1} K_P s + U_s^{+1} K_I}{s^2 + U_s^{+1} K_P s + U_s^{+1} K_I} \tag{7-33}$$

其中

$$\zeta = \frac{K_P}{2}\sqrt{\frac{U_s^{+1}}{K_I}}$$

$$\omega_n = \sqrt{U_s^{+1} K_I}$$

为了对双同步坐标系下的解耦软件锁相环的性能进行验证，运用 Matlab/Simulink 软件对其进行针对性仿真，结果如图 7-20 所示。

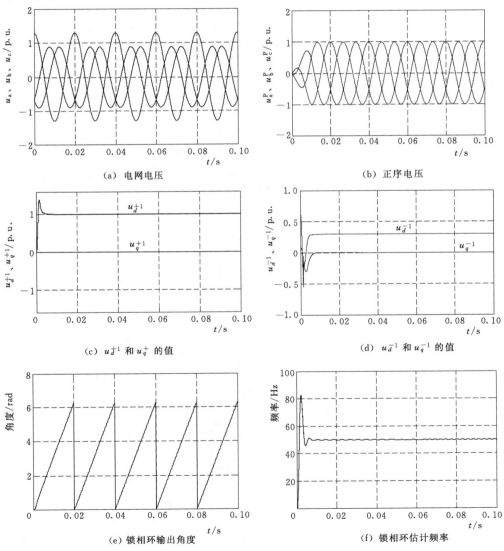

(a) 电网电压　　　　　　　　　　　(b) 正序电压

(c) u_d^{+1} 和 u_q^{+} 的值　　　　　　　(d) u_d^{-1} 和 u_q^{-1} 的值

(e) 锁相环输出角度　　　　　　　　(f) 锁相环估计频率

图 7-20　双同步坐标系解耦软件锁相方法电网不对称时仿真波形

由图 7－20 可以看出，当电网电压不对称时，在稳态情况下，双同步坐标系下的解耦软件锁相方法不仅可以精确地检测出正序电压的相位，而且能够检测出电网电压中正负序分量的幅值以及电压频率，但是由于在双同步坐标系下的解耦软件锁相环中含有一阶滤波环节，这在一定程度上影响了系统的动态响应，调整时间在 5～10ms 之间。

综上所述，这种双同步坐标系解耦软件锁相方法从动态响应方面不如传统的单同步坐标系软件锁相方法，但是它在保证较好的动态响应的同时很好地解决了三相电网电压不对称的锁相问题，而且能够精确地检测电压的相位、频率、幅值等信息，与前面所述传统的单同步坐标系软件锁相方法和基于对称分量法的单同步坐标系软件锁相方法相比，表现出良好的性能。

7.1.3　同步方法实验

为了验证直驱永磁风力发电变流控制系统中采用基于双同步坐标系下的解耦软件锁相方法实现电网同步化的可行性，在实验室搭建了直驱永磁风力发电变流控制系统的模拟实验平台，该模拟实验平台对网侧进行母线电压稳定控制，同时机侧采用功率控制的策略进行小功率状况下的模拟实验。

模拟实验平台控制框图如图 7－21 所示。实验中用一台 7.5kW 的直流电动机模拟风力机，电机的额定电枢电压和额定电枢电流分别为 440V 和 19A，额定转速为 2980r/min。全功率双 PWM 变流器用来连接电网和直驱永磁风力发电机。直驱永磁风力发电机为一台 7.5kW，额定电压为 380V、额定电流为 17A 的 4 极电机。双 PWM 变流器的直流母线电压为 600V，变流器每相额定输出电流为 15A，考虑安全裕量实验中选用 1200V、75A 的 IGBT，型号为 FS75R12KE3G。

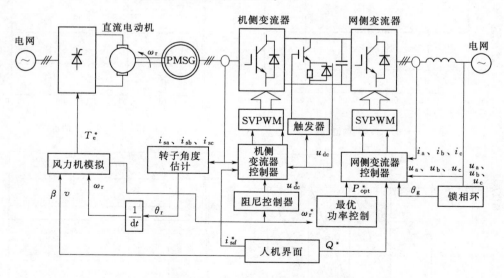

图 7－21　模拟实验平台控制框图

图 7－21 中，机侧和网侧变流器控制器均采用 TMS320F2808 作为主控芯片用于实现控制算法并产生驱动脉冲同时对过流保护、过压保护和模块故障等进行软件处理。风

力机模拟的作用是通过向模型中输入模拟风速 v、桨距角 β 及直流电动机反馈角速度 ω 来求取风轮参考转矩 T_e^*，从而快速跟踪风轮输出转矩与转速曲线的变化趋势，保持较好的稳态精度。最优功率控制是当风速变化时，首先测量发电机转速，根据风力机固有的最优功率曲线计算此时的发电机输出参考功率，对发电机进行功率调节保证其运行在最优功率曲线上以实现最大风能跟踪。

图 7-22 所示为空间矢量算法产生的 PWM 脉冲波形，其通过放大电路，经过信号放大后直接送入 IGBT 的驱动电路，驱动 IGBT 功率管的开关状态。其中图 7-22（a）为单相脉冲输出波形，图 7-22（b）为两相间的脉冲差值输出。由图 7-22 看出，空间矢量算法产生的驱动脉冲中不带任何毛刺，提高了系统的控制精度，满足系统的要求。

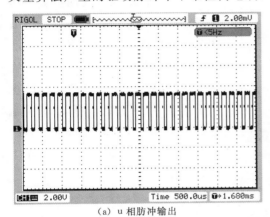
（a）u 相肪冲输出

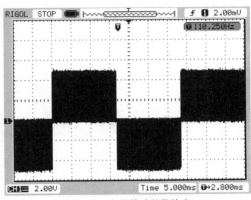
（b）u 和 v 相的脉冲差值输出

图 7-22　空间矢量算法产生的 PWM 脉冲波形

三相 PWM 变流器采用矢量控制同步 PI 电流调节可以独立控制有功功率和无功功率。在直流电压一定的情况下，有功电流由负载决定，无功电流由程序指令给定。实验中，无功电流的指令给定值为 0，变流系统运行在单位功率因数条件下。图 7-23 所示为单位功率整流下的 u 相电压、电流波形，图 7-24 所示为单位功率逆变下的 u 相电压、电流波形。

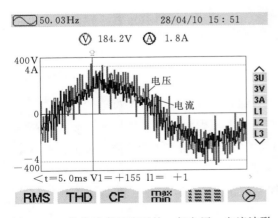

图 7-23　单位功率整流下的 u 相电压、电流波形　　图 7-24　单位功率逆变下的 u 相电压、电流波形

从图 7-23 可以看出，在单位功率因数整流情况下，交流侧电流的波形接近于正弦，且和交流侧电压同相位。尽管电流波形不是理想中的正弦（这是因为电流值较小，测量上有微小的偏差等原因造成），并不影响系统的控制性能。从图 7-24 可以看出，电压和电流的相位相反，能量反向。此时直流侧为 230V 的电压，其由直驱永磁风力发电机发电所得。这些都表明 PWM 变流器具有良好的输入特性，满足高功率因数、能量双向流动的要求。

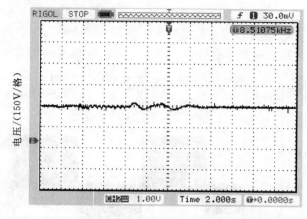

图 7-25　负载突变时的母线电压波形

为了验证系统的抗干扰性能，验证系统是否具有稳定直流母线电压的作用，在负载端突加负载，其母线电压波形如图 7-25 所示。由图 7-25 可以看出，在直流母线上突加 230V 的反电势时能量回馈状态下母线电压波形可以看出，母线电压最后保持稳定，且调节性能好，表明基于双同步坐标系下的锁相方法在电网正常时的锁相特性良好。

7.2　基于 PR 控制的直驱永磁风电系统并网策略

控制系统中变流器一般采用 PI 控制器，它只能对直流量实现无稳态误差控制，故需要对三相交流信号进行多次坐标变换，同时，为实现解耦控制，常常需要引入交叉耦合项和前馈补偿项，势必增加控制算法难度。比例谐振（proportional resonant，PR）控制器能够在静止坐标系下对交流信号进行无静差调节，可以很好地跟踪正弦参考信号，应用于直驱永磁风力发电系统的控制系统中可减少坐标旋转变换，且不存在耦合项和补偿项，能满足系统控制需要的同时优势显著，因此 PR 控制器在变流器等电力电子变换领域中应用前景广泛。

7.2.1　PR 控制基本原理

在风电机组控制中，最常见的为电流内环，通常可以采用多种类型的控制器。经典的电流滞环控制方法操作简单，但 IGBT 的开关频率不确定，极容易导致不必要的高频控制。而电流 PI 控制具有算法简单、可靠性高等特点，但常规的 PI 控制对正弦参考电流的控制效果不很好，且必须引入反馈进行解耦。因此，可以引入新的控制环节——电流比例谐振（PR）控制环节。dq 坐标系下控制器的交-直信号等效传递函数转换框图如图 7-26 所示。

图 7-26 所示为交-直流传递函数的转换过程，在时域中可以表示为

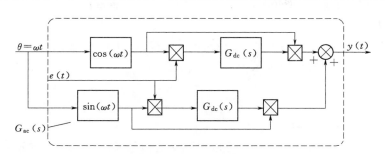

图 7 − 26　交-直信号等效传递函数转换框图

$$y(t) = e(t)\cos(\omega t)h_{dc}(t)\cos(\omega t) + e(t)\sin(\omega t)h_{dc}(t)\sin(\omega t) \tag{7−34}$$

令
$$y_1(t) = e(t)\cos(\omega t)h_{dc}(t) \tag{7−35}$$

$$y_2(t) = e(t)\sin(\omega t)h_{dc}(t) \tag{7−36}$$

则有

$$
\begin{aligned}
y(t) &= [e(t)\cos(\omega t)]h_{dc}(t)\cos(\omega t) + [e(t)\sin(\omega t)]h_{dc}(t)\sin(\omega t) \\
&= y_1\cos(\omega t) + y_2\sin(\omega t)
\end{aligned} \tag{7−37}
$$

然后利用欧拉公式对 $y_1(t)$、$y_2(t)$ 进行拉普拉斯变换后，可以得到

$$
\begin{aligned}
F_1(s) &= \ell[e(t)\cos(\omega t)h_{dc}(t)] \\
&= H_{dc}(s)\ell[e(t)\cos(\omega t)] \\
&= \frac{1}{2}H_{dc}(s)[E(s+j\omega) + E(s-j\omega)]
\end{aligned} \tag{7−38}
$$

$$
\begin{aligned}
F_2(s) &= \ell[e(t)\sin(\omega t)h_{dc}(t)] \\
&= H_{dc}(s)\ell[e(t)\sin(\omega t)] \\
&= \frac{1}{2}H_{dc}(s)[E(s+j\omega) + E(s-j\omega)]
\end{aligned} \tag{7−39}
$$

则有

$$
\begin{aligned}
y(s) &= \ell[e(t)\cos(\omega t)h_{dc}(t)\cos(\omega t) + e(t)\sin(\omega t)h_{dc}(t)\sin(\omega t)] \\
&= \ell[y_1\cos(\omega t) + y_2\sin(\omega t)] \\
&= \ell[y_1\cos(\omega t)] + \ell[y_2\sin(\omega t)] \\
&= \frac{1}{2}[Y(s+j\omega) + Y(s-j\omega)] + \frac{1}{2}[Y(s+j\omega) + Y(s-j\omega)] \\
&= \left\{\frac{1}{4}H_{dc}(s+j\omega)[E(s+j2\omega) + E(s)] + H_{dc}(s-j\omega)[E(s-j2\omega) + E(s)]\right\} \\
&\quad + \left\{-\frac{1}{4}H_{dc}(s+j\omega)[E(s+j2\omega) - E(s)] - H_{dc}(s-j\omega)[E(s) - E(s-j2\omega)]\right\} \\
&= \frac{1}{4}H_{dc}(s+j\omega)[2E(s)] + \frac{1}{4}H_{dc}(s-j\omega)[2E(s)] \\
&= \frac{1}{2}E(s)[H_{dc}(s+j\omega) + H_{dc}(s-j\omega)]
\end{aligned} \tag{7−40}
$$

当只考虑信号的变换而不考虑数值的变换时，可以得到交-直信号等效传递函数转

换公式，可以表示为

$$G_{ac}(s) = G_{dc}(s - j\omega) + G_{dc}(s + j\omega) \qquad (7-41)$$

易知传统积分控制器可以表示为

$$G_{dc1}(s) = \frac{K_I}{s} \qquad (7-42)$$

式中　K_I——时间积分常数。

结合式（7-41）和式（7-42）可以得到交流信号通用积分器的等效传递函数为

$$G_{ac1}(s) = \frac{K_I}{s + j\omega} + \frac{K_I}{s - j\omega} = \frac{K_I(s - j\omega + s + j\omega)}{(s + j\omega)(s - j\omega)} = \frac{2K_I s}{s^2 + \omega^2} \qquad (7-43)$$

由上述推导可以得知，PR 控制器是由比例环节以及广义的积分（generalized integral，GI）环节组成的，其传递函数可以表示为

$$G_{PR}(s) = K_P + \frac{2K_I s}{s^2 + \omega_0^2} \qquad (7-44)$$

式中　K_P——比例常数；

　　　K_I——积分时间常数；

　　　ω_0——谐振频率。

由式（7-44）可以看出，理想比例谐振控制器在交流频率 ω_0 拥有无限的增益，而在其他频率点并没有相位的转变并且也没有增益。但是，从物理意义上来说，理想的比例谐振环节存在高增益频带过窄的缺点，这将导致系统对输入信号频率参量过度敏感，在实际应用系统中易引起系统的波动。且在实际系统中由于模拟系统元器件的参数精度和数字系统精度的限制，PR 控制器实际上很难实现，考虑到系统的有限计算精度，常用一阶低通滤波器作为非理想的积分控制器来代替其中的纯积分环节。

非理想积分控制器的传递函数可以表示为

$$G_{dc2}(s) = \frac{K_I}{1 + \dfrac{s}{\omega_c}} \qquad (7-45)$$

式中　K_I——控制器的积分系数；

　　　ω_c——控制器的截止频率。

通过转换推导，不难获得交流信号通用积分器，其等效传递函数可以表示为

$$\begin{aligned}
G_{ac2}(s) &= \frac{K_I}{1 + \dfrac{(s + j\omega_0)}{\omega_c}} + \frac{K_I}{1 + \dfrac{(s - j\omega_0)}{\omega_c}} = \frac{K_I \omega_c(\omega_c + s - j\omega_0 + \omega_c + s + j\omega_0)}{(\omega_c + s)^2 + \omega_0^2} \\
&= \frac{2k_I \omega_c(s + \omega_c)}{s^2 + 2\omega_c s + \omega_c^2 + \omega_0^2} \qquad\qquad\qquad\qquad\qquad\qquad (7-46)
\end{aligned}$$

如果假定 $\omega_c \ll \omega_0$，这个控制器则可以近似表示为

$$G_{ac2}(s) = \frac{2K_I \omega_c(s + \omega_c)}{s^2 + 2\omega_c s + \omega_c^2 + \omega_0^2} \approx \frac{2K_I \omega_c s}{s^2 + 2\omega_c s + \omega_0^2} \qquad (7-47)$$

因此可以得到在静止坐标系下所对应的控制器可以表示为

$$G'_{\text{PR}}(s) = K_{\text{P}} + \frac{2(K_{\text{I}}\omega_{\text{c}}s + K_{\text{I}}\omega_{\text{c}}^2)}{s^2 + 2\omega_{\text{c}}s + \omega_0^2 + \omega_{\text{c}}^2} \qquad (7-48)$$

$$G'_{\text{PR}}(s) = K_{\text{P}} + \frac{2K_{\text{I}}\omega_{\text{c}}s}{s^2 + 2\omega_{\text{c}}s + \omega_0^2} \qquad (7-49)$$

令等式（7-49）中的第二项为

$$G'(s) = \frac{2\omega_{\text{c}}s}{s^2 + 2\omega_{\text{c}}s + \omega_0^2} \qquad (7-50)$$

绘制式（7-49）的波特图如图 7-27 所示，由图可知，改善性能后的 $G'(s)$ 并不改变在频率点 ω_0 处为高增益的特性，除此以外高频增益频带还加大了，且 ω_{c} 越大其高频增益频带越宽，这就是说它解决了当实际谐振频率稍微偏离设计谐振频率时增益大幅下降的问题，系统可以获得相对较小的稳态误差，降低了系统敏感度，提高了逆变系统的稳定性，也有利于其控制策略在 DSP 数字处理芯片中的实现。因此，可以将改善性能后的 $G'(s)$ 应用到 PR 控制器中，得到其相应的 PR 模型。

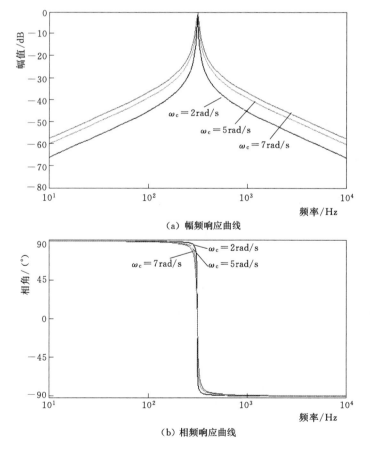

（a）幅频响应曲线

（b）相频响应曲线

图 7-27 $\omega_0 = 100\pi\text{rad/s}$ 时，不同 ω_{c} 时的波特图

由式（7-49）可知，控制器有 3 个设计参数气，即 K_P、K_I、ω_c。通过分析两个参数固定下第三个参数的变化对系统性能影响的不同波特图可知：K_I 仅仅影响到控制器的增益，且控制器的增益正比于 K_I，它对于控制器的带宽没有任何影响；ω_c 仅影响控制器的增益和带宽，随着 ω_c 的增加，控制器的增益和带宽都增加；K_P 影响控制器的动态响应速度，K_P 数值越大，比例调节器的控制作用就会越强，但当 K_P 过大后，谐振环节的作用会变得不太明显。

7.2.2　基于 PR 控制的直驱永磁风力发电系统网侧变流器控制策略

通常直驱永磁风力发电系统网侧变流器采用电网电压定向矢量控制策略，d 轴定为电网侧电压空间矢量的方向，q 轴滞后 d 轴 90°。因为电网 d 轴和 q 轴电压 u_d、u_q，电流交叉耦合项 $\omega L i_d$、$\omega L i_q$ 会影响网侧变流器的 d 轴和 q 轴电流，这些耦合量和扰动量增大了控制系统设计得复杂性，因此，结合 PR 控制器，可以解除 d 轴和 q 轴间电流耦合以及消除电网电压扰动。

在旋转同步 d 轴和 q 轴坐标系下，网侧变流器相对于电网的有功功率和无功功率为

$$\begin{cases} P = \dfrac{3}{2}(u_d i_d + u_q i_q) = \dfrac{3}{2} u_m i_d \\ Q = \dfrac{3}{2}(u_q i_d - u_d i_q) = -\dfrac{3}{2} u_m i_q \end{cases} \qquad (7-51)$$

式（7-51）中，当变流器工作在整流状态的时候，$P>0$，表示是从电网吸收有功能量；当变流器工作在逆变状态的时候，$P<0$，说明向电网输送有功能量。当相对于电网变流器呈现出感性特性的时候，$Q>0$，说明从电网吸收滞后的无功电流；当相对于电网变流器呈现出容性特性的时候，$Q<0$，说明从电网吸收超前的无功电流。因此实质上，d 轴的电流分量 i_d 代表变流器的电流有功分量，q 轴的电流分量 i_q 代表变流器的电流无功分量。

当消耗在负载上的功率小于风力发电系统交流侧的输入功率的时候，将会产生功率的供需不平衡，直流侧电压会因多余的功率升高；反之，电容电压会下降。由等式（7-51）可知，如果保持电网电压 u_m 为恒定值，网侧变流器的有功功率将正比于 d 轴电流，那么，通过对 d 轴和 q 轴电流的控制就可以实现对有功功率和无功功率的独立控制。

根据交流侧有功功率和直流侧有功功率之间的平衡关系，可得

$$P = \frac{3}{2} u_m i_d = \frac{3}{2} u_{dc} i_{dc} \qquad (7-52)$$

将等式（7-52）代入两相旋转坐标系下的网侧变流器电流方程，可得

$$C u_{dc} \frac{\mathrm{d} u_{dc}}{\mathrm{d} t} + u_{dc} i_{dc} = u_m i_d \qquad (7-53)$$

从式（7-53）可看出，可以通过对 d 轴电流的控制来控制直流母线的电压。

将网侧变流器在 d 轴和 q 轴旋转坐标下表示的电流、电压关系变换到两相静止坐

标系，可得到 PR 控制下的电流、电压交流量的比例微分关系。这样只需要对 d 轴和 q 轴旋转同步坐标下表示的给定量，通过变换矩阵变换到两相静止坐标系下表示的静止给定，结合 PR 控制器，即可实现网侧变流器控制直流母线电压以保持其稳定的目的。

　　从图 7-27 中可以看出，在角频率 ω_0 周围相当窄的频率带处，所对应的幅值增益远高于其他频率处的幅值增益值。当给定交流信号的角频率为 ω_0 时，$s=\mathrm{j}\omega_0$，代入式（7-46）不难知道 G_{PR} 的幅值会变得很大，也即几乎可实现对交流输入信号的无稳态误差跟踪。这时候，要对网侧变流器电流进行控制，只需要设置 ω 为电网电压的基波角频率。因此可得基于 PR 控制的网侧变流器控制系统框图如图 7-28 所示。

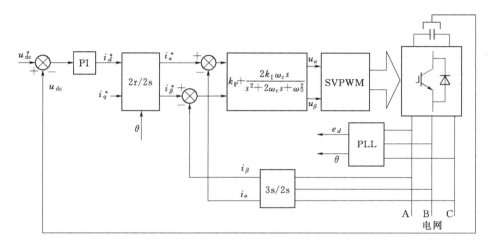

图 7-28　基于 PR 控制的网侧变流器控制系统框图

　　由图 7-28 中可知，先对三相交流电流进行检测，然后再经过三相静止坐标系到两相静止坐标系的坐标变换，与给定信号相比做差，其差值即为 PR 控制器的输入，经过 PR 控制器的调节作用，输出电压控制指令，再经过电压空间矢量脉宽调制，进而生成开关信号控制 PWM 变流器。对比传统的双闭环 PI 控制策略可以看出，在基于 PR 控制器的网侧变流器控制方法中，电流及电压控制指令的坐标旋转变换被省去了，且还省去了前馈补偿项和耦合项，从而使电路参数和电网电压对系统控制所产生的影响消除了，控制算法实现的难度也减小了，系统的鲁棒性也得到了提高。

7.3　基于虚拟功率 VF 下垂控制的直驱永磁风力发电系统并网策略

　　针对风力发电系统并网变流器，传统的控制策略是基于旋转坐标系解耦的电流型控制策略，能够实现有功功率和无功功率的解耦控制，在稳态并网条件下表现出优异的性能。但是随着风电机组大量接入电网，对电网带来的安全隐患随之增加，电网发生故障的概率也逐渐增多，在电网扰动等暂态情况下，采用此种控制算法时，变流器不具备较好的动态特性。因此，通过采取适当的控制策略，对变流器输出的有功功率和无功功率进行实时调整，使风力发电系统安全、稳定、高效并网显得尤为重要。模块化多电平变流器具有输出电压等级高、功率器件电压应力低等优势，已经广泛应用于高压变流系统，因此，本节以模块化多电平变流器为功率变流器分析基于下垂控制的并网变流器的控制。

7.3.1　基于下垂控制的直驱永磁风力发电系统并网变流器控制方法

基于下垂控制的直驱永磁风力发电系统并网变流器的控制方法如图 7-29 所示，可以分为频率下垂控制和电压下垂控制。

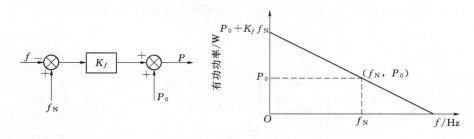

(a) 基于 P-f 的下垂控制结构及下垂特性

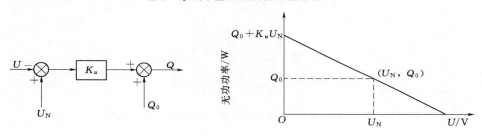

(b) 基于 Q-U 的下垂控制结构及下垂特性

图 7-29　基于下垂控制的直驱永磁风力发电系统并网变流器的控制方法

从图 7-29 可得出，有功功率 P 与频率 f、无功功率 Q 与电压 U 的下垂关系为

$$\begin{cases} P = P_0 + K_f(f_N - f) \\ Q = Q_0 + K_u(U_N - U) \end{cases} \tag{7-54}$$

式中　P_0——有功调度指令；

$\quad\quad Q_0$——无功调度指令；

$\quad\quad f_N$——额定频率；

$\quad\quad U_N$——额定电压；

K_f、K_u——有功-频率下垂系数和无功-电压下垂系数；

$\quad f$、U——采样频率和采样电压的幅值。

当 $P > P_0$ 时，电网频率将低于额定频率，当 $Q > Q_0$ 时，电网电压将低于额定电压。此时，为了补偿电网频率及电压的不足，变流器必须输出一定的有功功率及无功功

率，为

$$\begin{cases} P_* = P - P_0 \\ Q_* = Q - Q_0 \end{cases} \qquad (7-55)$$

式中 P_*、Q_*——变流器输出的有功功率和无功功率。

由于自身容量限制，其输出的有功和无功必须满足

$$P_*^2 + Q_*^2 \leqslant S_{\mathrm{VSC}}^2 \qquad (7-56)$$

式中 S_{VSC}——变流器的额定容量。

但实际工程中，如果电网出现大的扰动，很有可能出现 $P_*^2 + Q_*^2 > S_{\mathrm{VSC}}^2$ 的情况。此时变流器的容量无法满足频率和电压调整的要求，为此，综合考虑电网的频率失稳和电压失稳，采用一种等速调节方式，使频率和电压趋向失稳的速度保持一致，既避免发生变流器有功补偿过大导致电压失稳速度过快的情况，又避免发生无功补偿过大导致频率失稳速度过快的情况，从而延长电网失稳的相对时长。

考虑到电网的频率允许偏差为 1%，电压允许偏差为 10%，此时的下垂控制方程为

$$\begin{aligned} P_* &= (\Delta f - 1\% f_{\mathrm{N}})K_f \\ Q_* &= (\Delta U - 10\% U_{\mathrm{N}})K_u \end{aligned} \qquad (7-57)$$

式中 Δf——电网频率与额定频率的差值；
ΔU——电网电压与额定电压的差值。

新的下垂控制原理图如图 7-30 所示。

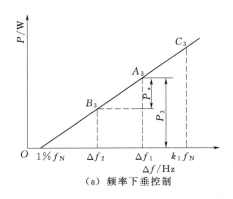

(a) 频率下垂控制

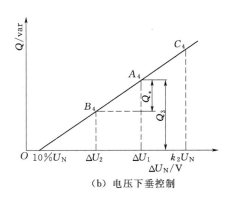

(b) 电压下垂控制

图 7-30 下垂控制原理图

图 7-30 (a) 中，假设电网频率工作点为 A_3，则初始频率偏差为 Δf_1，为了将频率调整到系统允许范围内，需要提供的有功功率为 P_3，当变流器无法提供有功功率 P_3 时，如果控制变流器补偿的有功功率为 P_*，则电网频率工作点将变动到 B_3 点，此时频率偏差会从 Δf_1 变为 Δf_2，因此缺乏的有功功率 ΔP 为

$$\Delta P = P_3 - P_* = K_f(\Delta f_1 - 0.01 f_{\mathrm{N}}) - P_* \qquad (7-58)$$

考虑到接入点电压的变化引起的有功负荷的变化 P_u，变流器的有功功率应增加为

$$P_{\mathrm{VSC}} = P_* + P_u \tag{7-59}$$

同理，图7-30（b）中，如果控制变流器输出无功功率 Q_*，电压偏差会从 ΔU_1 变为 ΔU_2。因此缺乏的无功功率 ΔQ 为

$$\Delta Q = Q_3 - Q_* = K_u(\Delta U_1 - 0.1U_N) - Q_* \tag{7-60}$$

考虑到接入点电压的调整引起的无功负荷的变化 Q_f，变流器输出的无功功率修正为

$$Q_{\mathrm{VSC}} = Q_* + Q_f \tag{7-61}$$

假设电网频率偏移额定频率 $k_1 f_N$ 时，电网频率会出现失稳，电网电压偏移额定电压 $k_2 U_N$ 时，电网电压会出现失稳，因此 Δf_2 与 $k_1 f_N$ 的差值反应了频率趋向失稳的程度。如图7-30所示 Δf_2 与 $k_1 f_N$ 的差值 L_1 可以表示为

$$L_1 = k_1 f_N - \Delta f_2 = k_1 f_N - \Delta f_1 + \frac{P_*}{K_f} \tag{7-62}$$

同理，ΔU_2 与 $k_2 U_N$ 的差值 L_2 可以表示为

$$L_2 = k_2 U_N - \Delta U_2 = k_2 U_N - \Delta U_1 + \frac{Q_*}{K_u} \tag{7-63}$$

定义频率稳定裕度和电压稳定裕度为

$$\begin{cases} \eta_f = \dfrac{L_1}{k_1 f_N - 0.01 f_N} \\[3mm] \eta_u = \dfrac{L_2}{k_2 U_N - 0.1 U_N} \end{cases} \tag{7-64}$$

为了实现等速调节，使电压和频率趋向失稳的速度一致，则需使任意时刻电压和频率趋向失稳的程度保持一致，则

$$\eta_f = \eta_u \tag{7-65}$$

同时，考虑到变流器的容量限制，功率分配方法可以表示为

$$\begin{cases} \dfrac{k_2 U_N - 0.1 U_N}{k_1 f_N - 0.01 f_N} \times \left(k_1 f_N - \Delta f_1 + \dfrac{P_*}{K_f} \right) = k_2 U_N - \Delta U_1 + \dfrac{Q_*}{K_u} \\[3mm] Q_f = \dfrac{L(U^2 \Delta \omega R^2 - U^2 \omega^2 \Delta \omega L^2 + 2U\Delta U \omega R^2 + 2U\Delta U \omega^3 L^2)}{(R^2 + \omega^2 L^2)(R^2 + \omega^2 L^2)} \\[3mm] P_V = \dfrac{R(2U\Delta U R^2 + 2U\Delta U \omega^2 L^2 - 2U^2 \omega \Delta \omega L^2)}{(R^2 + \omega^2 L^2)(R^2 + \omega^2 L^2)} \\[3mm] \Delta f = \dfrac{P_*}{K_f} \\[3mm] \Delta U = \dfrac{Q_*}{K_u} \\[3mm] Q_{\mathrm{VSC}} = Q_* + Q_f \\[2mm] P_{\mathrm{VSC}} = P_* + P_u \\[2mm] P_{\mathrm{VSC}}^2 + Q_{\mathrm{VSC}}^2 = S_{\mathrm{VSC}}^2 \end{cases} \tag{7-66}$$

式中　　　U——变流器未进行功率补偿时接入点电压有效值;

　　　　　ΔU——变流器进行功率补偿后接入点的电压变化;

P_{VSC}、Q_{VSC}——变流器有功功率输出参考值和无功功率输出参考值。

求解式（7-66），由物理意义可得

$$
\begin{cases}
P_{\mathrm{VSC}} = \dfrac{-2(m_1 m_2 + m_3 m_4) + \sqrt{4(m_1 m_2 + m_3 m_4)^2 - 4(m_2^2 + m_4^2)(m_1^2 + m_3^2 - S_{\mathrm{VSC}}^2)}}{2(m_2^2 + m_4^2)} \\
Q_{\mathrm{VSC}} = \sqrt{S_{\mathrm{VSC}}^2 - P_{\mathrm{VSC}}^2}
\end{cases}
$$

$$(7-67)$$

其中

$$
m_1 = \frac{2R^3 U + 8\pi^2 f^2 L^2 UR}{(R^2 + 4\pi^2 f^2 L^2)^2}\left[\frac{k_2 U_{\mathrm{N}} - 0.1 U_{\mathrm{N}}}{k_1 f_{\mathrm{N}} - 0.01 f_{\mathrm{N}}}(k_1 f_{\mathrm{N}} - \Delta f_1) + \Delta U_1 - k_2 U_{\mathrm{N}}\right]
$$

$$
m_2 = \frac{(2R^3 U + 8\pi^2 f^2 L^2 UR)(k_2 U_{\mathrm{N}} - 0.1 U_{\mathrm{N}}) + [K_f(R^2 + 4\pi^2 f^2 L^2)^2 - 8\pi^2 f U^2 L^2 R](k_1 f_{\mathrm{N}} - 0.01 f_{\mathrm{N}})}{K_f(R^2 + 4\pi^2 f^2 L^2)^2(k_1 f_{\mathrm{N}} - 0.01 f_{\mathrm{N}})}
$$

$$
m_3 = \left[\frac{4\pi f R^2 UL + 16\pi^3 f^3 L^3 U}{(R^2 + 4\pi^2 f^2 L^2)^2} + K_u\right]\left[\frac{k_2 U_{\mathrm{N}} - 0.1 U_{\mathrm{N}}}{k_1 f_{\mathrm{N}} - 0.01 f_{\mathrm{N}}}(k_1 f_{\mathrm{N}} - \Delta f_1) + \Delta U_1 - k_2 U_{\mathrm{N}}\right]
$$

$$
m_4 = \frac{(2\pi U^2 R^2 L - 8\pi^3 U^2 f^2 L^3)(k_1 f_{\mathrm{N}} - 0.01 f_{\mathrm{N}}) + [4\pi f R^2 UL + 16\pi^3 f^3 L^3 U + K_u(R^2 + 4\pi^2 f^2 L^2)^2](k_2 U_{\mathrm{N}} - 0.1 U_{\mathrm{N}})}{K_f(R^2 + 4\pi^2 f^2 L^2)^2(k_1 f_{\mathrm{N}} - 0.01 f_{\mathrm{N}})}
$$

通过下垂控制获得变流器的有功功率输出参考值和无功功率输出参考值之后，可计算得到变流器输出电流参考值，然后采用模块化多电平变流器的无差拍控制实现对电流参考值的跟踪控制。

以 a 相为例，模块化多电平变流器单相等效电路如图 7-31 所示，设上桥臂电流为 i_{pa}，下桥臂电流为 i_{na}，上桥臂所有导通的 SM 模块电压之和为 u_{pa}，下桥臂所有导通的 SM 模块电压之和为 u_{na}，输出电压为 u_{a}，桥臂电感值为 L，输出电流为 i_{a}，桥臂与直流电源之间的环流为 i_{acir}。

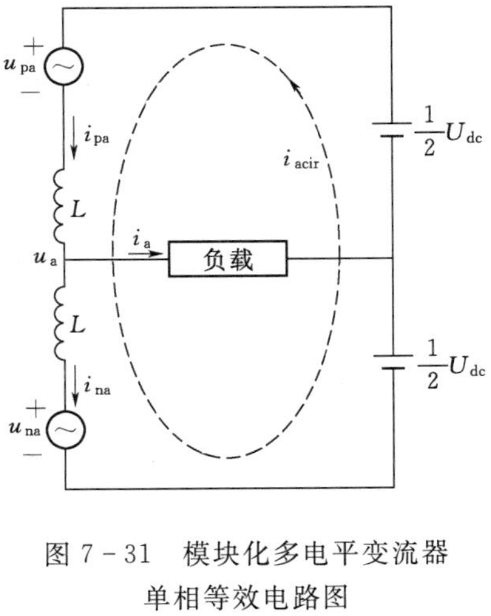

通过有功功率输出参考值 P_{VSC} 和无功功率输出参考值 Q_{VSC} 计算得到 a 相输出电流参考值 i_{aref} 为

$$
i_{\mathrm{aref}} = \frac{\sqrt{2} S_{\mathrm{VSC}}}{3 U_{\mathrm{a}}}\sin\left[\omega t - \arctan\left(\frac{Q_{\mathrm{VSC}}}{P_{\mathrm{VSC}}}\right)\right]
$$

$$(7-68)$$

图 7-31　模块化多电平变流器
单相等效电路图

式中　U_{a}——a 相接入点电压有效值;

　　　ω——电网角频率。

i_{acir} 的作用是给子模块电容电压充电以及提供损耗的能量，其参考值 i_{acirref} 可以通过一个 PI 调节器得到，其表达式为

$$i_{\text{acirref}} = (2NU_{\text{Cref}} - u_{\text{Ctotal}})\left(K_p + \frac{K_i}{s}\right) \tag{7-69}$$

式中　u_{Ctotal}——a 相 SM 子模块电容电压之和；

　　　U_{Cref}——SM 子模块的额定电压；

　　　N——一个桥臂包含的 SM 子模块个数。

从等效电路可得

$$\begin{cases} \dfrac{1}{2}U_{\text{dc}} - u_{\text{pa}} - u_{\text{a}} = L\,\dfrac{\mathrm{d}i_{\text{pa}}}{\mathrm{d}t} \\[2mm] \dfrac{1}{2}U_{\text{dc}} - u_{\text{na}} - u_{\text{a}} = L\,\dfrac{\mathrm{d}i_{\text{na}}}{\mathrm{d}t} \end{cases} \tag{7-70}$$

$$\begin{cases} i_{\text{pa}} = \dfrac{2i_{\text{acir}} + i_{\text{a}}}{2} \\[2mm] i_{\text{na}} = \dfrac{2i_{\text{acir}} - i_{\text{a}}}{2} \end{cases} \tag{7-71}$$

将参考值代入式（7-71）可得

$$\begin{cases} i_{\text{paref}} = \dfrac{2i_{\text{acirref}} + i_{\text{aref}}}{2} \\[2mm] i_{\text{naref}} = \dfrac{2i_{\text{acirref}} - i_{\text{aref}}}{2} \end{cases} \tag{7-72}$$

式中　i_{paref}、i_{naref}——a 相上、下桥臂输出电流参考值。

将式（7-70）离散化得

$$\begin{cases} U_{\text{pa}}(K) = \dfrac{1}{2}U_{\text{dc}}(K) - u_{\text{a}}(K) - L\,\dfrac{I_{\text{pa}}(K+1) - I_{\text{pa}}(K)}{T} \\[2mm] U_{\text{na}}(K) = \dfrac{1}{2}U_{\text{dc}}(K) + u_{\text{a}}(K) - L\,\dfrac{I_{\text{na}}(K+1) - I_{\text{na}}(K)}{T} \end{cases} \tag{7-73}$$

式中　$U_{\text{pa}}(K)$——第 K 个控制周期内上桥臂导通的所有 SM 模块电压之和；

　　　$U_{\text{na}}(K)$——第 K 个控制周期内下桥臂导通的所有 SM 模块电压总和。

用 i_{paref} 替代 $I_{\text{pa}}(K+1)$，i_{naref} 替代 $I_{\text{na}}(K+1)$ 可得

$$\begin{cases} U_{\text{pa}}(K) = \dfrac{1}{2}U_{\text{dc}}(K) - u_{\text{a}}(K) - L\,\dfrac{i_{\text{paref}} - I_{\text{pa}}(K)}{T} \\[2mm] U_{\text{na}}(K) = \dfrac{1}{2}U_{\text{dc}}(K) + u_{\text{a}}(K) - L\,\dfrac{i_{\text{naref}} - I_{\text{na}}(K)}{T} \end{cases} \tag{7-74}$$

由式（7-74）可知，每个控制周期 T 内根据采样电流和参考电流就可以计算出上桥臂的电压 $U_{\text{pa}}(K)$ 和下桥臂的电压 $U_{\text{na}}(K)$、$U_{\text{pa}}(K)$ 和 $U_{\text{na}}(K)$ 可以通过最近电平逼近法对 SM 子模块进行调制获得，最终实现输出电流对参考电流的快速跟踪。

系统的总体控制框图如图 7-32 所示，控制结构分为：外环的下垂控制、内环的无差拍控制两部分。

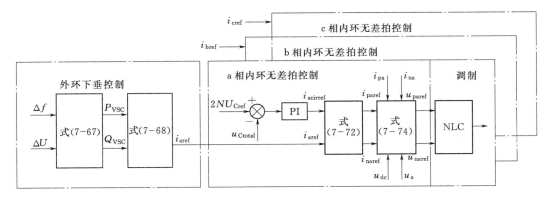

图 7-32　系统的总体控制框图

7.3.2　仿真分析

为了验证上述控制方法的可行性，利用 Matlab 仿真分析了系统小扰动和大扰动过程。

仿真中，采用如图 7-33 所示节点模型。发电机接入节点①，负荷 S_2 接入节点②，负荷 S_3 和变流器都接入节点③。仿真模型参数、变流器参数和控制器参数分别见表 7-1、表 7-2 和表 7-3。采用传统控制方法时，由于变流器容量不足，以有功负荷与无功负荷的比例关系对变流器的容量进行分配。必须说明的是，k_1、k_2 分别

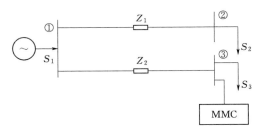

图 7-33　节点模型

设为 0.1 和 0.25，意味着当频率波动超过 $0.1f_N$ 或者电压波动超过 $0.25U_N$ 时，电网将崩溃。

表 7-1　　　　　　　　　　　仿 真 模 型 参 数

参　　数	参数值	基准值	标幺值/（p.u.）
发电机容量 S_1	10MVA	10MVA	1
电网电压 U_N	10kV	10kV	1
电网电压频率 f_N	50Hz	50Hz	1
传输线阻抗 Z_1	$0.15+j0.48\Omega$	10Ω	$0.015+j0.048$
传输线阻抗 Z_2	$1.5+j4.8\Omega$	10Ω	$0.15+j0.48$
负载 S_2	$10.9+j1.09\Omega$	10Ω	$1.09+j0.109$
负载 S_3	$109+j10.9\Omega$	10Ω	$10.9+j1.09$

表 7 - 2 　　　　　　　　　　　　　　变 流 器 参 数

参　　数	参数值	参　　数	参数值
容量 S_{VSC}	600kVA	直流侧电压	18kV
子模块个数	18	电感	5mH
子模块容量	1000μF	控制周期 T	0.1ms
子模块电压等级	1kV		

表 7 - 3 　　　　　　　　　　　　　　控 制 器 参 数

参　　数	参数值	参　　数	参数值
K_f	0.82	K_1	0.1
K_u	0.0045	K_2	0.25

7.3.2.1　小扰动过程仿真

小扰动过程系统状态变化见表 7 - 4，0.1s 时 S_3 由 10.9＋j1.09 变为 4.11＋j0.411，0.15s 时投入变流器。

表 7 - 4 　　　　　　　　　　小扰动过程系统状态变化表

时　　间	S_3/p.u.	变流器状态
0~0.1s	10.9＋j1.09	未投入
0.1~0.15s	4.11＋j0.411	未投入
0.15~0.25s	4.11＋j0.411	投入

采用传统控制方法的仿真结果如图 7 - 34 所示，包括接入点频率波形图、接入点电压有效值波形图、变流器输出有功功率波形图、变流器输出无功功率波形图。

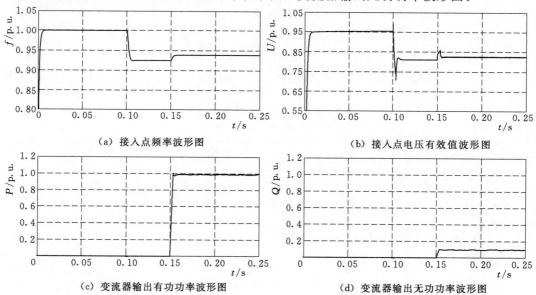

（a）接入点频率波形图　　　　　　　　　（b）接入点电压有效值波形图

（c）变流器输出有功功率波形图　　　　　（d）变流器输出无功功率波形图

图 7 - 34　采用传统控制方法的仿真结果

从图 7-34（a）中可以看出，在 0.1s 时刻，由于负荷突然增加，频率从 1p.u. 陡降到 0.9249p.u.；0.15s 变流器投入以后，频率又回升到 0.9392p.u.。从图 7-34（b）中可以看出，在 0.1s 时刻，由于负荷突然增加，电压从 0.95p.u. 陡降到 0.8109p.u.；0.15s 变流器投入以后，电压又回升到 0.8241p.u.。从图 7-34（c）和图 7-34（d）中可以看出，变流器的有功功率、无功功率输出分别为 597kW 和 59.7kvar。

从上述分析可知，接入点频率为 0.9392p.u.，失稳频率为 0.9p.u.，接入点频率距离失稳频率 0.0392p.u.，因此调整后，频率稳定裕度为 43.5%；类似的，电压稳定裕度为 51.4%。

采用本节介绍的控制方法的仿真结果如图 7-35 所示。

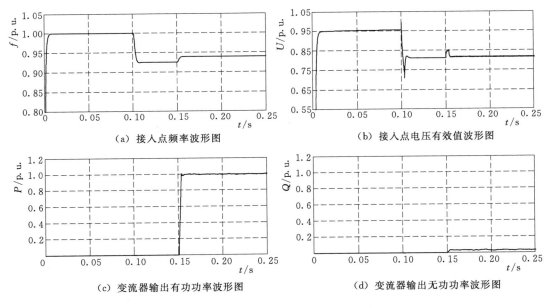

（a）接入点频率波形图　　　　　　　　（b）接入点电压有效值波形图

（c）变流器输出有功功率波形图　　　　　（d）变流器输出无功功率波形图

图 7-35　采用本节介绍的控制方法的仿真结果

从图 7-35（a）中可以看出，在 0.1s 时刻，由于负荷突然增加，频率从 1p.u. 陡降到 0.9249p.u.；0.15s 变流器投入以后，频率又回升到 0.9395p.u.。从图 7-35（b）中可以看出，在 0.1s 时刻，由于负荷突然增加，电压从 0.95p.u. 陡降到 0.8109p.u.；0.15s 变流器投入以后，电压又回升到 0.8155p.u.。从图 7-35（c）和图 7-35（d）中可以看出，变流器的有功功率、无功功率输出分别为 599.65kW 和 20.49kvar。

从上述分析可知，接入点频率为 0.9395p.u.，失稳频率为 0.9p.u.，接入点频率距离失稳频率 0.0395p.u.，因此调整后，频率稳定裕度为 43.87%；类似的，电压稳定裕度为 43.67%。

由图 7-34 及图 7-35 可知，当发生小扰动事件时，本节所提方法与传统控制方法的控制效果非常相似，并且由无功功率变化引起的电压变化比由有功功率变化引起的频率变动更大一些。

7.3.2.2 大扰动过程仿真

大扰动过程系统状态变化见表 7-5。0.1s 时 S_3 由 10.9+j1.09 变为 3.32+j0.332，0.15s 时投入 MMC 变流器。

表 7-5   大扰动过程系统状态变化表

时间/s	S_3/p. u.	变流器状态
0～0.1	10.9+j1.09	未投入
0.1～0.15	3.32+j0.332	未投入
0.15～0.25	3.32+j0.332	投入

采用传统控制方法的仿真结果如图 7-36 所示。

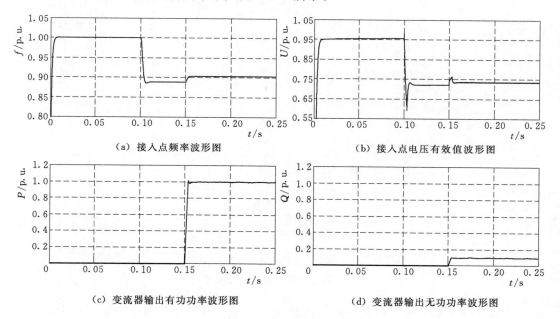

（a）接入点频率波形图　　　　　　　　（b）接入点电压有效值波形图

（c）变流器输出有功功率波形图　　　　（d）变流器输出无功功率波形图

图 7-36　采用传统控制方法的仿真结果

从图 7-36（a）中可以看出，在 0.1s 时刻，频率从 1p. u. 陡降到 0.8889p. u.；0.15s 变流器投入以后，频率又回升到 0.903p. u.。从图 7-36（b）中可以看出，在 0.1s 时刻，由于负荷突然增加，电压从 0.95p. u. 陡降到 0.7214p. u.；0.15s 变流器投入以后，电压又回升到 0.7345p. u.。从图 7-36（c）和图 7-36（d）中可以看出，MMC 的有功功率、无功功率输出分别为 597kW 和 59.7kvar。

由仿真结果可知，尽管接入点频率距离失稳点还有 3.3% 的裕量，但接入点电压已降到失稳电压以下，系统失稳。

采用本节介绍的控制方法的仿真结果如图 7-37 所示。

从图 7-37（a）中可以看出，在 0.1s 时刻，由于负荷突然增加，频率从 1p. u. 陡

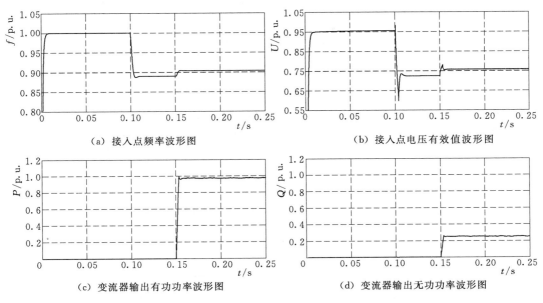

（a）接入点频率波形图

（b）接入点电压有效值波形图

（c）变流器输出有功功率波形图

（d）变流器输出无功功率波形图

图 7 - 37 采用本章介绍的控制方法的仿真结果

降到 0.8889p. u. ；0.15s 变流器投入以后，频率又回升到 0.9029p. u. 。从图 7 - 37 （b）中可以看出，在 0.1s 时刻，由于负荷突然增加，电压从 0.95p. u. 陡降到 0.7214p. u. ；0.15s 变流器投入以后，电压又回升到 0.7555p. u. 。从图 7 - 37 （c）和图 7 - 37 （d）中可以看出，变流器的有功功率、无功功率输出分别为 580kW 和 153.6kvar。

由仿真结果可知，接入点频率距离失稳点还有 3.2% 的裕量；接入点电压距离失稳点还有 3.7% 的裕量，系统仍能保持稳定。仿真结果表明提出的下垂控制策略可以有效地改善电网稳定性。

参 考 文 献

［1］ 陈顺 . 直驱风力发电网侧变流器的同步方法与控制策略研究 ［D］. 长沙：湖南大学，2010.

［2］ 姜燕，陈顺，黄守道，等 . 直驱型永磁风力发电系统的电网同步化方法研究 ［J］. 电网技术，2010，34(11)：182 - 187.

［3］ 徐勇，荣飞，朱文杰，等 . 谐波电流检测环节的延时及补偿方法 ［J］. 电源技术，2014，38 (5)：957 - 961.

［4］ 浦清云 . 基于比例谐振控制的直驱风电变流系统研究 ［D］. 长沙：湖南大学，2012.

［5］ F Rong，Z Yin，Z Shuai，et al. A Power Allocation Method for Grid - connected MMC Inverter Based on Droop Control ［J］. Chinese Journal of Electrical Engineering，2016，2 (2)：84 - 91.

［6］ 胡寿松 . 自动控制原理 ［M］. 北京：国防工业出版社，1994.

［7］ Changjiang Zhan，C Fitzer，V K Ramachandaramurthy，et al. Software Phase - locked Loop Applied to Dynamic Voltage Restorer ［C］. IEEE Power Engeering Society Winter Meeting Conference. Columbus：IEEE，2001，1033 - 1038.

［8］ Se - kyo Chung. A Phase Tracking System for Three Phase Utility Interface Inverters ［J］. IEEE

Transactions on Power Electronics, 2000, 15 (3): 431 – 438.

[9]　Hilmy Awad, Jan Svensson M J Bollen. Tuning Software Phase – Locked Loop for Series – Connected Converters [J]. IEEE Transactions on Power Delivery, 2005, 20 (1): 300 – 308.

[10]　Sang – Joon Lee, Jun – Koo Kang, Seung – Ki Sul. A New Phase Detecting Method for Power Conversion Systems Considering Distorted Conditions in Power System [C]. 1999 IEEE Industry Applications Conference. Phoenix: IEEE, 1999, 2167 – 2172.

[11]　Pedro Rodriguze, Josep Pou Joan Bergas. Decoupled Double Synchronous Reference Frame PLL for Power Converters Control [J]. IEEE Transactions on Power Electronics, 2000, 22 (2): 584 – 592.